내 마음을 담은 집

내 마음을 담은 집
서현 작은 집의 건축학개론

1판 1쇄 발행 | 2021년 1월 15일
1판 3쇄 발행 | 2022년 4월 20일

지은이 서현

펴낸이 송영만
디자인 자문 최웅림
편집 송형근 김미란 이상지

펴낸곳 효형출판
출판등록 1994년 9월 16일 제406-2003-031호
주소 10881 경기도 파주시 회동길 125-11(파주출판도시)
전자우편 editor@hyohyung.co.kr
홈페이지 www.hyohyung.co.kr
전화 031 955 7600

© 서현, 2021
ISBN 978-89-5872-174-1 03540

값 15,500원

이 도서의 국립중앙도서관 출판시도서목록(CIP)은 서지정보유통지원시스템 홈페이지
(http://seoji.nl.go.kr)와 국가자료공동목록시스템(http://www.nl.go.kr/kolisnet)에서
이용하실 수 있습니다.(CIP제어번호: CIP2020054389)

내 마음을 담은 집

서 현

작 은 집 의 건 축 학 개 론

효형출판

일러두기

- 본문에 등장하는 재건축, 개발 사업, 건축물, 문학 작품의 경우 〈〉로 구분했다.
- 건설 관련 용어는 시공 현장에서 주로 쓰이는 표현으로 적었다.

달걀

여러분! 이렇게 수탉이 동네 암탉들을 죄 불러모았다. 어디선가 타조알을 주워 온 것이다. 그리고 외쳤다. 지금 바깥 세상에서는 이런 알을 낳고 있습니다!

오래전에 들었던 우스갯소리가 이렇다. 이 이야기는 그 이후 는 설명하지 않는다. 그러나 암탉들의 반응이 어땠을까 궁금하 기는 하다. 짐작하면 아마도 이렇지 않았을까 싶다. 너나 잘해!

저 무거운 걸 수탉이 어디서 주워 어떻게 들고 왔는지 이야기 는 설명해 주지 않는다. 들고 온 수탉의 입장에서는 계몽의 책임 감이었을 것이다. 어쩌면 선진 사례 전파 의지라고 해야 할지도 모르겠다.

나도 암탉들은 아니고 사람들이 모인 자리 앞에 서곤 한다. 학교 강의 외에 강연 요청을 받는다. 아마 책을 몇 권 쓰고 신문에 가끔 글을 써서 그럴 것이다. 그런데 대중 강연에서 대개의 강사가 비슷한 고민에 빠질 듯하다. 머릿속의 강의 자원이 타조알, 거위알, 오리알 하며 샘솟는 것이 아니다. 그러니 몇 개의 주제를 갖고 돌려막기를 해야 한다. 어차피 청중은 그 이야기를 처음들을 것이라는 합리적인 전제가 있기는 하다.

내가 갖고 있는 강의 자원 중의 하나가 멋진 건물을 설명하는 것이었다. 세상에 건물은 많다. 내가 강의에서 언급하겠다고 나설 만큼 좋은 건물들이다. 직업상 이를 구경하겠다고 나름 돌아다닌 것도 좀 있으니 이건 그래도 꽤 풍부한 자원이다.

그러던 어느 날 문득 스스로 묻게 되었다. 내가 지금 타조알을 들고 있는 그 수탉은 아닐까. 게다가 타조알은 실물이기라도 하지, 내가 보여주는 건 사진일 뿐이다. 어차피 비행기 타고 멀리 가야 있는 건물들이다. 물론 청중은 그러려니 신기하게 듣기야 할 것이다. 하지만 지금 바깥에서 이런 알을 낳고 있다고 떠드는게 무슨 의미겠느냐. 그걸 사진으로 열심히 설명한들 그게 관광안내보다 뭐가 얼마나 낫겠느냐. 의구심이었다. 스스로 이야기했다. 너나 잘해.

문득 어느 날 타조알 뒤에 달걀을 하나 끼워 넣었다. 강의 맨뒤에 내가 설계해 지은 건물을 넣어 설명한 것이다. 청중의 반응이 놀라웠다. 유명하고 거대한 타조알에 비할 바 없는 작은 주택이었다. 그럼에도 불구하고 저자 직강의 힘은 그야말로 막강했다. 그러다 재미를 붙였다. 아예 내가 설계한 달걀들로만 강의를 꾸렸다.

요즘은 대개 강의 후 청중으로부터 강의 평가를 받는다. 적지 않은 경우 다시 초대받았다. 지난번 강의 호응이 좋아 다시 부른다는 이야기. 그 달걀이 그 달걀이고 새 달걀은 아직 낳지도 않았다고 해도 문제가 아니라는 입장이다. 수강생이 다르다는 것이다. 심지어 같은 이야기면 더욱 좋겠다는 조건이 붙기도 했다.

이번에는 같은 달걀을 내내 팔고 다니는 것에 회의가 들었다. 달걀 사진이나 타조알 사진이나 그리 다를 바가 없겠다는 생각이었다. 그냥 책으로 엮어서 한 번에 이야기를 다 풀어야겠다는 생각이 들었다. 그게 바로 이 책의 내용이다.

박쥐

종단학문(縱斷學問). 내가 건축을 지칭하는 단어다. 여기저기 죄다리를 걸치고 있다는 의미다. 물론 학문이라고 전제를 한 다음의 이야기다. 저 건축이라는 단어의 실체가 고약하다. 어딘가에 명료하게 갈래 잡아 집어넣기가 어렵다. 어디에나 다 해당하기 때문이다. 그래서 건축 책은 서점에서 공학, 인문학, 예술 등 어느 서가에나 적당히 꽂힌다. 사실 어디 꽂혀도 이상하지 않다. 이 경우 질문은 '왜 한 곳에만 꽂혀야 한다고 주장하느냐'는 것이다. 어쩌면 그런 분류 방식이 잘못되어 있을 수도 있다. 나는 그걸 분류 주체가 행사하는 분류의 폭력이라고 부른다.

유럽의 역사로만 따지면 건축의 학문적 나이는 문학, 수학, 철학 다음 정도의 수준이다. 인문학, 사회학, 과학, 공학, 예술이라고 분류되는 학문들이 범접할 나이가 아니다. 개중 그나마 인문학을 뺀 나머지 학문들은 17, 18세기가 지나면서 등장한 새내기에 지나지 않는다. 그런데 이런 건축이 저런 후대 학문의 어느 부분에 가깝느냐는 수모를 겪는 중이다. 내 대답은 이렇다. 건축은 그냥 담담히, 혹은 도도히 건축일 따름이다.

멋지게 말하면 건축은 의미론적 다면체다. 좀 더 알기 쉽게 말하면 박쥐 같은 학문이라는 것이다. 내가 학생이던 시절, 도서관에서는 아직 누런 도서 목록함에 서지 목록을 빼곡히 담고 있었다. 폐가식 도서관에서 책을 빌리려면 분류 번호를 찾아야 했다. 그리고 사서에게 대출 신청서를 내민다. 그런데 그 도서 목록함을 보면 건축 책들은 다시 두 분야로 나뉘어 있었다. 건축학, 그리고 건축술이다. 건축은 학문과 기술로 다시 나뉘어 있다는 것이다. 내가 빌리려는 건축 책은 그중 어디 깊은 곳에 숨어서 나를 기다리고 있을까.

이 박쥐 같은 건축 안에서도 내 좌표는 더욱 박쥐와 같다. 그것은 정체성의 문제기도 하다. 내가 신문 칼럼에 글을 쓰면 대개 건축가면서 교수로 병기된다. 물론 미술이나 음악 전공자 중에도 그런 병기 대상이 꽤 있다. 나는 다른 사람의 작업을 평가하거나 비평하지 않는다는 어쭙잖은 원칙을 나름 갖고 있다. 비평, 비판, 평론을 하지 않는다는 말이다. 그럼에도 나를 건축 평론가로 지칭하는 경우가 있다. 내 입장과 달리 그러리라 짐작하는 것이겠다. 건축 예술가라고 호칭하는 경우도 있었다. 멋진 단어인데 더욱 당혹스럽다. 예술은 무슨. 결론을 말하자면 나는 이 박쥐 같은 동네 안에서 유별나게 더 박쥐 같은 존재일 것이다.

그 박쥐의 모습, 아니, 의미론적 다면체 중 이 책에서 내가 선택한 것은 건축가의 모습이다. 건물을 설계하는 사람이다. 이 책에는 세 개의 주택이 들어 있다. 공통점은 모두 작고 검소하다는 것이다. 이제 그 건축가의 이야기는 특별히 더 작은 주택으로부터 시작할 것이다. 내가 지금까지 설계한 건물 중 가장 작다. 물론 단언하기는 어렵다. 하지만 조심스럽게 짐작하되, 앞으로 이보다 작은 주택을 설계할 기회가 쉽게 오지는 않을 듯하다.

목차

문추헌

가장 검소한 풍요

"결로가 생기면 왜 문제죠?"

"물방울이 바닥에 떨어지겠죠."

그 다음이 내게 개안의 순간이었다.

"그럼 닦으면 되는 거 아닌가요?"

그렇지, 닦으면 될 일이었다.

재건축

9,510세대. 대지 면적이 34만 6,570제곱미터다. 알기 쉽게 풀면 약 10만 평이다. 들어선 건물 전체의 바닥 면적을 다 더해 놓으면 거의 50만 평에 이른다. 이 원고를 쓰는 현재 준공된 것으로 대한민국에서 가장 큰 규모의 아파트 단지다. 상투적 표현이지만 단군 이래 최대 아파트 단지라고 했다. 이 아파트의 이전 이름은 〈가락시영아파트〉였다. 이걸 헐고 새로 지은 것이다. 나는 바로 이 재건축 사업의 총괄 계획가(Master planner)였다. 이 사연도 좀 곡절하다.

도시 디자인을 전면에 내세운 서울시장이 있었다. 좋은 디자인이 도시 경쟁력의 한 부분이라는 이야기였다. 옳은 소리였다. 대개의 시장이 그러하듯 그에게도 공과가 있다. 도시 디자인이라는 점에 비출 때도 그렇다. 서울시를 정신없이 뒤덮었던 간판이 정리된 것이 그의 공이라는 점을 부인할 수 없다. 그런데 특정 건축 사업에서는 좀 과한 욕심을 부렸다. 무리수가 있었다는 게 내 판단이다.

물론 좋은 도시 디자인의 대상에 건축이 빠질 수 없다. 전문성이 부족한 공무원들이 건물 건립 과정을 독점하면 좋은 공공 건물을 얻기 어렵다. 그래서 좋은 건물을 얻는 방편으로 공공 건축가라는 제도가 신설되었다. 덕분에 나름 건축계에서 이러구러 알려진 이름들이 공공 건축가라는 이름으로 모집, 징발, 차출되었다. 목록에는 내 이름도 들어 있었다.

세상은 짐작할 수 없는 일이 수시로 등장하는 곳이다. 일을 벌인 이 디자인 시장이 갑자기 사퇴를 해 버렸다. 도시 디자인이 잘 안 풀려서가 아니고 학생 무상 급식 문제 때문이었다. 말하자면 시장직을 건 승부수였던 것인데, 그게 승부수를 걸 일이냐고 대개는 의아해했다. 어처구니없다고 해야 할 사안이었다. 이 사퇴는 공공 건축가라는 제도 신설 직후에 벌어진 사태였다. 그래서 공공 건축가들이 선발은 되었으나 운영의 시동도 걸어 보지 못한 상황이었다. 일단 공은 다음 시장에게 넘어갔다.

대개 선출직 공무원들의 사업은 전임자의 사업을 무시하거나 뒤집는 것에서 출발한다. 특히 소속 정당이 다르다면 더욱 새 판을 짠다. 물론 이걸 대한민국 사회의 특이한 병폐라고 하기는 어렵고 지구상 국가들이 대체로 겪는 일이다. 그래서 서울시청의 건축 관련 공무원들은 이 공공 건축가 제도를 새로운 시장이 어찌 받아들일지 몹시 궁금해했다.

그런데 이번 시장은 좀 유연한 사람이었다. 게다가 건축에 관한 관심이 아주 높았다. 말하자면 조금 다른 차원의 안목을 지닌 사람이었는데 그는 이전 시장이 만든 공공 건축가 제도를 유지·운영하겠다고 했다. 그래서 공공 건축가들은 새 시장으로부터 임명장을 받았다. 공공 건축가들이 구체적으로 어떤 일을 해야 할지는 아직도 불투명했다.

그러던 차에 서울시는 진행에 난항을 겪고 있던 〈가락시영아파트 재건축 사업〉에 공공 건축가를 총괄 계획가라는 이름으로 투입해 보기로 했다. 이 사업이 진행되지 못하고 있던 것은 설계 회사의 설계안이 서울시 건축위원회의 심의를 통과하지 못하고 있었기 때문이었다. 한국 최고의 아파트 설계 조직으로 이름이 알려진 회사였는데 이건 커도 너무 큰 사업이었다. 이런 초대형 사업은 지연에 의한 금융 손실이 천문학적이다. 그러나 사업 지연이 하소연일 수는 있어도 건축위원회 심의위원들에게 설득 근거가 될 리는 없었다. 제시된 도면을 보니 내가 심의위원이어도 마음 편하게 동의하기 어려운 상태였다.

그래서 뭔가 돌파구를 만들어 보라고 세 명의 공공 건축가가 징발 투입되었다. 나는 그 총괄 계획가 중 한 명이었다. 총괄 계

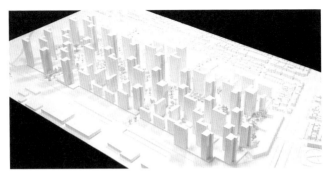

〈가락시영아파트 재건축 사업〉의 최종 배치 계획. 이대로 지어 준공되었다.

획가들이 기존 계획을 다 무시하고 처음부터 그림을 다 다시 그려도 좋다는 전권을 위임받았다. 그만큼 절박한 사업이었다는 이야기도 되겠다. 그런데 이게 고차원 방정식이었다. 9,510세대 규모는 결정된 상수다. 여기서 한 세대라도 모자라게 된다면 사업 불가였다. 일조권, 인동 거리, 전면 도로 사선 제한 등의 복잡한 변수들도 늠름하게 적용되어야 했다. 게다가 가락동은 성남 서울공항 인근이었다. 비행 고도에 의한 절대 고도 제한이 있었다. 이 고도 제한은 성남 공항으로부터 멀어질수록 높게 허용되는 것이다. 그런데 단지가 워낙 크다 보니 단지 내 허용 고도가 균일하지도 않았다. 그리고 단지 한편에는 상가가 붙어 있었다. 아파트와 조합이 달랐고 조합원이 달랐으며 그래서 이해관계가 달랐다. 아파트와 상가의 이해관계는 다른 걸 넘어서 자주 충돌했다.

아파트는 동수로만 84개였다. 이 넓은 대지에서 한쪽 끝에 배치한 건물을 살짝 움직이면 전체 건물군이 주루루 죄 재배치되어야 했다. 전체가 하나로 물려 있는 상호 연동 관계였다. 그 건물들의 각 동마다 백 개가 넘나드는 단위 세대가 들어 있었다. 이 울트라 슈퍼 고난도 초대형 작업의 와중에 우리의 건축주가 등장했다. 항공 모함 함대를 배치하고 있는데 나룻배가 한 척 등장한 셈이었다. 그것도 사공 혼자 타는 나룻배다.

처음부터 건축주는 아니었다. 건축주는 건축가에게 설계를 의뢰한 사람이다. 우리의 건축주는 내게 건물을 의뢰하러 온 게 아니었다.

악보

그녀는 은퇴한 간호사다. 이웃해 살 생각으로 친구와 충주에 작은 땅을 나눠 샀다. 워낙 바람처럼 허위허위 사는 사람이었던 모양이다. 가장 최근에는 코이카(KOICA, 한국국제협력단)를 통해 네팔에서 자원봉사 간호사로 두 해를 보냈다. 모아 놓은 5천만 원정도가 있고 그걸로 지을 집은 15평 정도면 될 것이다. 물론 내게 설계를 의뢰할 상황은 아니다. 다만 도면을 직접 그린 게 있는데 한 번 봐줄 수 있느냐, 한 다리 건너 전해 받은 건 그런 정도의 요청이었다.

주말에 그녀가 도면을 들고 나타났다. 악보 뒷면에 그린 것이었다. 분명 문방구에서 파는 30센티미터 플라스틱 자를 대고 열심히 그린 도면이었다. 도면에 옮겨진 글자들이 그 의지를 충분히 보여주고 있었다. 조경 계획부터 건물 조건까지 구석구석에 생각하는 정보가 빼곡했다. 물론 예산으로는 달성하기 어려운 내용들도 꽤 있었다. 마당에 연못이라니.

그런데 건축도면으로서 치명적인 문제가 있었다. 일반인들이 건물 도면이라고 그렸을 때 일반적으로 보여주는 실수다. 벽에 두께가 없었다. 그냥 단선으로 공간을 구획해 놓은 것이다. 사람으로 치면 몸무게가 '0'인 상태였다. 도교의 가치로 보면 신선의 반열에 오른 것이다. 그런데 건물은 신선이 되지 않는다. 두께가 없는 벽으로 건물을 지을 수 없다. 건축가들이 항상 고민하는 대상 중 하나가 바로 벽 두께다. 아파트에서 면적을 계산하는데 계산 근거가 벽체의 중심선인지 벽체의 내부면인지를 놓고 항상 치열하다. 건축도면이라면 벽 두께는 절대로 간과할 수 있는 대상이 아니다.

그런데 이 도면에는 벽 두께가 없었다. 오선지에 그려진 악보들이라면 무게가 없다. 악보로 연주하는 음악에도 무게가 없다. 그런데 그건 음악이고 우리는 건물을 지어야 한다. 몸무게가 항상 '0'보다 크다. 그것도 무지막지하게 크다.

나름 전문가가 개입해야 했다. 봐 달라는 요청이 있었을 때 그 의미가 그냥 구경 한번 하라는 건 아니었겠다. 문제가 있다면 보고 이야기해 달라는 것이었겠다. 그런데 이건 몇 마디 설명으로 해결될 내용이 아니었다. 신선을 속세로 데려와야 했다. 연필과

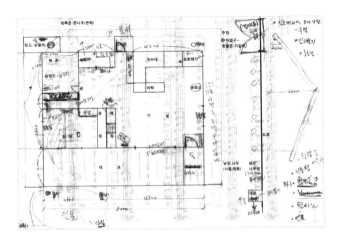

악보 이면지의 도면.
주방 상판의 재료부터 연못까지 고려되어 있지만 벽의 두께는 없다.

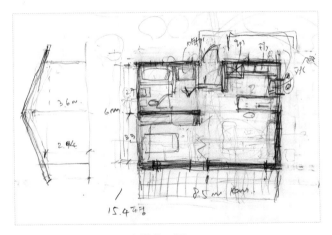

이면지 뒷면의 내용을 건축적으로 번역한 첫 스케치.
마주 앉아 그리다 보니 글자가 위아래로 다 보인다. 지붕은 경사지붕이다.

종이를 집어야 할 상황이 벌어졌다.

책상을 사이에 두고 마주 앉았다. 원래는 악보가 되어야 마땅했을 기구한 팔자의 종이 뒷면에 묻어온 그림을 놓고 이제는 건물이 되어야만 하는 스케치를 시작했다. 벽 두께를 감안한 도면으로 번역하면 될 일이었다. 혼자 사는 주택의 평면 요구 조건은 간단했다. A4 복사용지 위에 이리저리 평면 스케치를 시작했다.

건축주라고 호칭하기는 어렵고 사용자라고 해야 할 사람의 의견을 물어가며 선을 그었다. 실제로 집을 지을 도면이라면 복잡한 정보가 꽤 들어가야 한다. 그러나 봐 달라고 했으니 내 임무는 보는 것이었고 보는 수준을 너무 많이 넘으면 곤란했다. 벽 두께를 감안해서 방을 구획하는 정도 수준의 스케치가 진행되었다. 자를 대고 그릴 일도, 컴퓨터로 정확히 그릴 일도 아니었다. 거친 수준이지만 축척은 얼추 맞는 평면 스케치가 정리되었다. 건축 동네에서는 프리핸드 스케치(Freehand sketch)라고 부른다. 그 스케치 한 장을 들고 그녀는 떠났다.

공구리

궁금해지기 시작했다. 항상 이게 문제다. 궁금해지는 것. 5천만 원으로 집을 지을 수 있을까. 집 짓겠다고 현장 사무실 비슷하게 컨테이너를 들여놓고 땅을 파면 그 예산이 다 소진될 것 같았다. 〈가락시영아파트 재건축 사업〉은 사업비가 조 단위였다. 대한민국 국가 예산 이야기할 때나 들어보는 돈의 단위다. 워낙 초대형 사업이어서 건설사도 국내 도급 순위 5위 안에 드는 업체 세 곳이 연합해서 들어와 있었다. 그런데 이 주택의 예산은 〈가락시영아파트 재건축 사업〉 예산의 허용 오차 값에도 못 미치는 액수였다. 말하자면 반올림으로 올리고 내릴 대상도 되지 못한다는 이야기였다.

　당시 내가 들여다보고 있던 다른 일은 비닐하우스였다. 대한

민국에서 가장 싸게 짓는 구조물이다. 비닐하우스의 문제는 바람 불면 넘어지고 눈이 오면 무너지는 데 있었다. 이 비닐하우스를 어떻게 하면 더 튼튼하게 만들 수 있을까 궁리하고 있던 터였다. 물론 돈이 더 들면 안 된다. 누가 시켜서 하는 일도 아니고 그냥 개인적인 관심사였다. 이 역시 궁금해서 시작한 일이었다. 그래서 내가 지금 갖고 있는 특허 중 두 개가 더 튼튼한 비닐하우스다. 여기서의 화두도 결국 시공 비용이었다. 그렇기에 주변의 일반적 통용 예산보다 훨씬 저렴하게 건물을 짓는 방법이 궁금해졌다. 있다면 틀림없이 묘법이었다.

악보 이면지 주인에게 다시 연락했다. 어떻게 집을 시공할 생각인지 물었다. 그 금액에 집을 지어줄 시공업자를 이미 확보해 놓았다는 답신이었다. 같이 땅을 산 친구가 물색해 놓은 사람이라고 했다. 그 묘법의 시공업자를 만나야 했다. 그의 사업지는 여주였다. 나와 종씨였는데 그래서 호칭은 '서 사장님'이었다. 그는 여주의 여기저기에서 농가 주택을 지어 왔다고 했다. 그 정도 예산이면 할 수 있다고 했다.

여름이 시작된다는 6월에 막 들어선 날이었다. 여주의 어느 산채비빔밥집에서 그를 만났다. 묘수를 알려주소서. 그는 뭐 별게 있느냐는 투로 답했다. 먼저 콘크리트 기초를 친다. 물론 그는 현장식 발음으로 '공구리'라고 했다. 그 위에 역시 콘크리트로 벽을 세운다. 여전히 공구리다. 그 벽 위에는 경사지붕이 올

라간다. 이번에는 일본식 용어를 써서 '고야지붕'이라고 표현했
다. 나는 처음에 그 말뜻을 모르고 그냥 짐작만 했다.

"경사지붕 위에는 아스팔트 슁글을 올린다. 벽 외부에는 치장
벽돌을 이뿌게 쌓는다. 끝."

그가 저 '이~뿌게'를 하도 유장하게 발음하여 아직도 기억에
남는다. 이렇게 하면 15평 주택이 5천만 원에 준공된다는 것이
었다. 내가 겪어보지 못했던 신세계였고 체험해야 할 경지였다.
건축가들은 돈 많은 사람의 저택만 지어주느냐는 비난과 자성의
목소리도 있다는 걸 안다. 그래서 나는 적어도 가장 싼 집도 지
을 줄 알아야 한다고 스스로 생각하고 있었다. 비싸게 짓는 것보
다 싸게 짓는 게 훨씬 어렵다. 그리고 더 절실하다. 왜냐하면 그
예산은 대개 그들이 갖고 있는 거의 모든 것이기 때문이다. 그
묘법의 신세계 공사 현장이 더욱 궁금해졌다. 그래서 조금 더 빨
려 들어갔다.

한 가지를 더 물었다. 혹시 경사지붕 말고 평지붕으로 해도 되
냐고. 그는 역시 대수롭지 않게 문제 없다고 대답했다. 고수는
항상 유연하다. 아니, 유연해야 고수다. 이번의 고수는 대답과 함
께 SUV의 디젤 매연을 한 번 뿜고 또 대수롭지 않게 사라졌다.

가을

머릿속에 갑자기 그림이 들어오기 시작했다. 내가 생각을 해서 그려지는 게 아니고 그림이 알아서 그려지는 중이었다. 내 머릿속에서 벌어지고 있는 상황이었지만 내 의지와 관계없이 벌어지는 사건이다.

그래서 그 땅이 궁금해졌다. 주소를 받아 들고 충주로 향했다. 평화롭고 유쾌한 길이었다. 고속도로를 지나 고속국도, 그리고 국도를 다 거쳐 자동차 교행조차 불가능한 꼬부랑길까지 지나야 이르는 곳이었다. 행정 구역은 충주시지만 그냥 한적하고 나른한 시골 마을이었다. 살짝 움푹한 언덕에 집 몇 채가 뿌려져 있었다. 그중 몇은 폐가였다. 나는 풍수지리를 믿지 않지만 이건 좋은 땅이었다.

근처에 엄청 큰 저수지가 있었다. 아무 이유 없이 그 저수지의 이름이 마음에 꼭 들었다. 추평(楸坪)저수지다. 추평리에 있어서 추평저수지겠다. 알아보지도 않고 그냥 아마 가을 들판의 저수지 이름일 거라고 짐작했다.

'추'라고 발음하면 어쩌면 계절과 그리 잘 맞는지 신기하다. 마르고 바삭한 느낌이 입술 앞으로 부서져 나부끼는 발음이다. 나뭇잎이라면 이미 바닥에 떨어진 것의 발음이다. 입으로 '추엽'이라고 발음하면 '낙엽'이라고 했을 때보다 더 가볍고 많은 잎이 떨어지는 기분이다. 그걸 밟았을 때 '추스락'이라고 하면 '바스락' 하는 것보다 더 작게 말라 부서지는 느낌도 든다.

나중에 알고 보니 가을이 아니고 나무 이름이었다. 오동나무 혹은 호두나무라고 했다. 그런 나무가 많은 동네였던 모양이다. 그런들 어떠하리, 나는 그냥 그런 나무들이 많은 가을 들판이라고 생각하기로 했다.

다 마음에 들었다. 이걸 그냥 두면 평범한 시골 마을에 평범한 농가 주택이 평범하게 하나 더 얹혀 평범하게 지나갈 일이었다. 말하자면 아무런 일도 일어나지 않는 일이었다. 적어도 멀리서 보기에는.

병원을 좀 다녀 보니 간호사는 보통 사람이 선택하는 직업이 아니었다. 밥벌이라는 생각으로는 절대 택하면 안 될 직업이었다. 게다가 한번은 옆에서 들어보니 이 간호사가 핸드폰으로 이상한 언어로 대화를 하고 있었다. 내가 들어온 어떤 언어와도 달랐다. 교회를 다니는 사람이라면 웬 광신도가 백주에 방언을 하고 있다고 의심할 일이었다. 물으니 네팔어였다. 한국에 와 있는 네팔 사람들이 많은데 그들이 의사소통의 한계로 불이익을 당하는 일이 많다고 한다. 그래서 그 사람들을 도와주려고 배웠다는 이야기였다.

　나도 가끔은 내 직업이 밥벌이일 필요는 없겠다는 생각이 들었다. 그래서 그녀는 내게 건축주가 되었다.

한적한 추평리 풍경.

중국

프리핸드 스케치 도면으로는 건물을 지을 수 없다. 절을 짓겠다며 도면을 들고 온 사람도 있었다. 그 사람 입장의 도면이었다. 그가 펴 놓은 두루마리에 그려진 것은 건물이 담긴 풍경화였다. 그는 불교 역사를 바꿀 신기원에 대한 확신으로 가득 차 있었다. 거기에는 오직 상상력이 담겨 있을 따름이었다.

그러나 상상력만으로 이루고 바꿀 수 있는 세상은 많지 않다. 실천의 세계는 이보다 훨씬 혹독한 검증을 요구한다. 그래서 도면이 건물로 변환되기 위해서는 오차와 착오가 없어야 한다. 지을 때 발생할 곤란한 문제를 다 미리 감안해서 그려야 한다. 그러려면 모형도 만들고 투시도도 그려 보아야 한다. 이런 일을 내가 혼자 다 할 수는 없다. 건축 설계는 집단 작업이다. 도움이 필요하다. 이 도움까지 무료 봉사를 요구할 수 없다. 작업비가 책정되는 일이라면 전문적인 능력을 갖춘 설계 사무소 팀원들과 함께 하면 된다. 그런데 이 작업은 달랐다.

이때 나는 다시 박쥐여서 교수였다. 학생들을 잘 구슬려 이들을 동원해야겠다는 음흉한 생각이 들었다. 많은 인원이 필요한 건 아니고 한 사람이면 충분한 작업이었다. 건축학과는 어릴 때부터 건축가가 되어야겠다는 종교적 신념으로 무장한 학생들이 우글거리는 곳이다. 우연히 성적 맞춰 진학했다는 학생들이 좀처럼 배겨나기 어려운 곳이기도 하다.

이들이 졸업하면 실무 경험을 갖춰야 하므로 설계 사무소에 취업한다. 그런데 월급 주는 사람이 월급 받는 사람에게 재미도 있고 가치도 있는 작업을 입맛대로 던져 줄 리가 없다. 그래서 실무 수련 과정에서 건축가 후보생들의 불만과 좌절이 많다. 그런데 이런 작은 작업은 졸업 전에 학생들이 실무 수련을 하기에 꼭 맞는 일이기도 했다. 건물 설계의 모든 것을 다 겪어볼 수 있는 일이므로.

수업시간에 상황을 설명했다. 내가 설계비 받는 일이 아니므로 수고비를 지급할 상황이 아니다. 대신 앞으로도 경험하기 어려운 작은 규모의 주택이다. 도면이 끝나면 짓는 동안 현장 견학도 있을 것이다. 참여하고 싶은 사람은 손을 들어라.

문장의 까만 마침표를 입으로 막 찍으려는데 이미 "저요!"가

나섰다. 이 사업의 다음 주인공이 등장하는 시점이다. 그는 중국인 유학생 정지명 군이다. 한자 이름을 한국식 발음으로 읽으면 그렇고 본인도 그렇게 소개한다. 이전부터 무슨 사건이든지 맨 앞에서 나서는 학생이었다. 졸업 설계를 할 때 본인이 한국 학생들보다 다섯 배는 더 열심히 작업하겠다고 호언한 당사자이기도 했다. 워낙 붙임성이 좋아서 한국 학생들과 사이도 아주 좋았다. 이 작업의 도면 작성자가 선정되었다. 도면 작성이 좀 어려우면 대학원생 한 명이 도와주면 될 일이었다. 조촐한 작업팀이 꾸려진 것이다.

구 획

준비가 되었으므로 건축주를 다시 만났다. 내게 고마워하는 게 당연한 일일 수도 있다. 그러나 이런 신기한 묘법 체험의 기회를 갖게 되었으니 나 역시 건축주에게 고마운 일이었다. 어차피 시공은 서 사장님이 예산에 맞춰 진행할 일이고 그의 기대 수준에 맞게 도면을 그리면 된다. 공연히 도면을 복잡하게 많이 그리면 나중에 문제가 생길 소지가 커진다.

경제적인 건물이 되려면 일단 뼈대가 효율적이어야 한다. 뼈대, 즉 벽체량이 많아지면 당연히 공사비가 올라간다. 그것도 팍팍 올라간다. 나중에 마감 재료에서 조금씩 아끼는 것보다 뼈대에서 정리를 하는 게 훨씬 효과적이다. 건물은 당연히 동서로 길다란 사각형 덩어리가 되었다. 남쪽 면을 길게 해 놓으면 나중에

냉난방 효율도 좋아지는 게 당연하다.

　대지 남쪽에는 친구가 살기로 한 집이 이미 예정이었으므로 건물은 살짝 동쪽으로 틀어 앉혔다. 추평저수지 쪽으로 건물이 향하게 되었다. 직접 보이지는 않지만 마음의 문을 열고 보면 가을의 저수지가 보일지도 모를 일이다. 일단 맨눈으로는 보이지 않았다.

　공간의 배치 문제는 건축주의 생활을 충분히 반영해야 할 일이었다. 작업을 진행하려면 기능상 확인해야 할 일들이 좀 더 있었다. 경제적 관점에서 집 내부의 벽은 없거나 줄이는 게 좋다. 말하자면 요새 대학가에 많이 짓는 소위 '원룸'과 같은 평면이다. 화장실 외에는 모두 트여 있는 구조다. 그런데 우리의 건축주는 취침 공간은 어느 정도 구획되어 있기를 기대했다. 친구들이 종종 놀러오기에 최소한의 구획은 있었으면 좋겠다는 이야기였다. 아주 낮은 높이의 돌침대를 사용하고 있다고 했다. 그 돌침대가 쏙 들어가는 규모의 침실, 이 공간을 그렇게 부를 수 있을지 모르겠으나 하여간, 그렇게 침실을 구획하기로 했다.

　다음은 수납이 문제였다. 수납 공간은 여유 있게 장만하는 게 항상 옳았다. 그런데 워낙 작은 집이어서 충분한 공간을 마땅히 넣기가 어려웠다. 그래서 다락을 제안했다. 건축주는 갖고 있는 것도 별로 없어서 다락까지 필요하지는 않을 거라는 입장이었다. 물론 나이가 더 들면 오르내리기 어려울 수도 있다. 그러나 그건 그때 사정이고. 그래도 일단 수납 공간으로 다락이 필요할 것이라고 이야기했다. 그래야 이 평계로 집에 여유로운 층고를 확보할 수도 있었다. 공간의 비례가 좋아지는 것이다. 그래서 이건 그냥 건축가의 판단대로 밀고 가기로 했다.

"아마 필요할 겁니다."

벽지

이런 기능적 조건들은 해결하면 될 일이었다. 그런데 건축주가 기능과 별 관련 없어 보이는 걸 하나 물었다.

"내부 마감재는 뭔가요?"

별 생각이 없던 주제였다. 서 사장님은 콘크리트 벽체를 치고 외부에 '이~뿌게' 치장 벽돌을 붙인다고 했다. 그러면 내부 마감 방법은 시멘트 위에 벽지밖에 남는 게 없었다. 그 벽지도 가장 싼, 이름과 내용이 하나도 맞지 않는 실크 벽지일 것이었다. 남는 선택은 벽지 색깔과 무늬 고르는 정도일 것이고. 그런데 건축주가 조심스럽게 의견을 밝혔다.

"벽지는 싫은데…"

당황스러웠다. 순간 머릿속으로 온갖 실내 마감 재료들이 종
횡으로 돌아다니기 시작했다. 그런데 예산상 어떤 재료도 실크
벽지를 대체하지 못했다. 사실 종이보다 싼 걸 찾을 길은 없었
다. 내부에 콘크리트를 노출시킬 수도 있겠다. 하지만 건축 전문
지에 등장하는 멋진 노출 콘크리트 벽면을 기대할 상황은 분명
아니었다.

"콘크리트 벽의 외부가 아니고 내부에 치장 벽돌을 '이~뿌게'
쌓으면 어떨까요."
"아, 그러면 카페 같은 분위기겠네."

의견을 물었더니 건축주가 반색을 했다. 시공 예정자의 의견
을 물을 일이 아니었다. 특별히 난이도가 올라갈 일도 아니었기
때문이다. 그래서 그냥 도면에 반영하기로 했다.

가끔 생각을 뒤집어 보면 엉뚱하게 답이 나오기도 한다. 나는
'역발상'이라는 단어를 썩 좋아하지는 않는다. 이건 발상을 뒤집
는 데 필요한 에너지를 담아내기에는 너무 편안한 단어라고 생
각되어서다. 혹은 맥이 빠져 있거나. 내가 좋아하는 단어는 '전
복적 사고'다. 이 단어에는 모든 걸 다 뒤집겠다는 의지가 훨씬

더 크게, 세게, 깊이 느껴진다. 나는 단어의 힘을 믿는다. 그런데 이 경우는 전복적 사고까지는 아니었다. 그냥 대안 제시 정도라고 해야 할 것이다.

인간의 머릿속에서 벌어지는 사고 진행 과정은 논리적으로 설명하기 어렵다. 벽돌을 안에 쌓는 대안을 제시하는 순간 든 생각은 건축주가 독실한 불교도라는 점이었다. 젊은 시절에는 절집 보살님들처럼 회색 법복을 입고 다니기도 했다는 이야기도 들었다. 밖으로 노출되는 콘크리트의 색이 그 법복 색과 같을 것이다. 집은 사는 사람의 마음을 담고 그 마음을 표현하기도 해야 하므로.

파일

본격적인 도면 작업이 시작되었다. 치수를 확인하고 모형을 만들고 인테리어 투시도도 그려 확인하는 작업이었다. 문제는 작업팀이 학생이라는 점이었다. 수업이 끝나고 남는 시간에 틈틈이 도면을 그려야 했다. 그러니 말만 본격적이지 진행은 지지부진했다. 게다가 실제로 지을 건물의 도면을 처음 그려보는지라 어려워하는 점이 많았다. 당장 '0'이 아닌 벽 두께가 왜 그 두께가 되어야 하는지부터 설명해야 했다. 그렇다고 다그칠 일은 아니었다.

건축주에게도 시간은 더디 갔을 것이다. 그런데 자기 집을 짓는다고 생각하면 세상이 모두 집으로 보이기 시작한다. 안 보이던 것들이 눈에 들어오고 보이지 않던 것들을 찾아 나서기도 한다. 요즘은 그 탐험이 훨씬 편해졌으니 그건 모두 인터넷 덕분이다. 그곳에는 피사체로서 멋진 집들이 가득하다. 우리의 건축주도 인터넷 검색을 시작한 모양이었다.

작업이 어느 정도 진행되어 만나기로 한 건축주가 웬 시커먼 파일 뭉치를 들고 있었다. 펴 보니 그간의 인터넷 검색 성과가 출력되어 잘 정리되어 있었다. 큰 의미를 둘 일은 아니었다. 우리에게는 인터넷의 그 크고 멋진 타조알들이 절대로 범접할 수 없는 굳건한 세계가 있었다. 예, 산, 한, 계. 그래서 파일 뭉치 안의 세계는 건축주의 심상에서 발현한 호기심과 에너지의 가시적 표현이라고 치부하면 될 일이었다. 그런데 건축주의 눈치가 좀 각별했다. 차마 요구는 못해도 자꾸 손이 어딘가로 향하는게 느껴졌다. 천창이었다. 지붕에서 햇빛이 들어오는 천창.

천창은 쉽지 않은 선택이다. 일단 한국의 음식 문화는 찌고 삶고 끓이는 과정이다. 그래서 실내 습도가 아주 높다. 특히 겨울이 문제다. 난방 때문에 결국 실내를 최대한 밀봉하는데 이렇게 되면 실내에 쌓인 습기는 탈출구가 없다. 습기를 품은 공기가 천창에서 찬 기온을 만나면 상대 습도가 높아진다. 그때 한계를 넘어선 초과 수분은, 전문적인 문장으로 포화수증기압을 넘어선 수분은 유리면에 물방울로 맺힌다. 또 전문적인 단어로는 응결한다. 이게 결로다. 여름에 냉장고에서 꺼낸 음료수 표면에 물기가 맺히는 것과 똑같은 원리다.

벽체 탈색, 오염의 근원이고 곰팡이 서식의 적합 환경이다. 건물로는 하자고 거주자 감정으로는 불쾌다. 그래서 천창을 쓰려면 단열 성능이 아주 좋은 제품을 골라야 한다. 그건 그 제품이 고가라는 뜻이다. 그러므로 우리의 선택지는 아니었다. 여전히 우리 세계의 테두리는 굳건했다. 예, 산, 한, 계.

천창

건축주에게 알아듣게 설명을 했다. 천창은 곤란하다고. 건축주는 물러서지 않고 궁금해했다. 문답을 옮기면 이렇다.

"천창을 만들면 결로가 생기기 쉽습니다."
"결로가 생기면 왜 문제죠?"
"물방울이 바닥에 떨어지겠죠."

그 다음이 내게 개안의 순간이었다.

"그럼 닦으면 되는 거 아닌가요?"
"!"

그렇지, 닦으면 될 일이었다. 화두를 깨치는 상황이었다. 절집이 아니라 시장 복판에서도 도를 깨칠 수는 있다더라. 그녀가 바닥을 닦겠다는 순간 나는 도를 닦았다. 바닥 닦는 게 귀찮아서 하늘을 포기하는 건 우스운 일이었다.

디자인은 선택의 과정이다. 개입한 사안들 중 중요한 게 뭔지를 판단해 내는 능력이 중요하다. 이 경우에는 하늘을 보는 게 바닥 닦는 일보다 훨씬 더 중요했다. 바닥 닦는 것이 힘든 노동이라면 그는 노동의 노예이고 몸과 마음이 가난한 자일 것이다. 그러나 그 수고 덕에 집에 하늘을 얻는다면 그는 재벌보다 부유한 인생을 사는 것이겠다.

집에 하늘이 없다면 자연 속의 이 집은 아파트와 크게 다를 것도 없겠다. 그러면 군이 추평리의 산속에 사는 의미도 없겠다. 원래는 가을에 둘러싸여 가을 풍광이 멀리 보이기로 한 집이었다. 그런데 이제 추평리의 가을을 담는 집이 되었다. 적절한 예산에 적절한 시공으로 적절히 완성될 집이었는데 전혀 다른 가치를 성취하게 된 것이다. 이 집은 이 순간 가장 부유한 사람을 위한 집이 될 것이었다. 마음이 부유한 사람.

그래서 천창이 생기게 되었다. 하지만 아무리 가치가 중요하다고 한들 벽에 습기가 생기고 바닥에 물방울이 떨어져서 좋을 일은 없다. 천창 주변 벽에 단열을 제대로 하고 유리에 맺힌 물기가 벽으로 스미지 않게 도면을 그렸다. 물론 도면대로 시공이 된다면 좋을 일이나 절대로 이를 신뢰하면 곤란하다는 건 명확했다. 몇 겹의 안전 장치가 필요했다. 가장 마지막 장치는 실내에 결로가 생긴다는 걸 인정하고 그 다음을 대비하는 것이다. 그건 공기 유통이다. 바람이 통하게 하여 생긴 습기를 말려나가는 것이다. 그나마 내부 발생 결로의 수량이 많지 않아 선택할 수 있는 방법이다. 물론 시공할 서 사장님은 그냥 벽돌을 '이~뿌게' 쌓은 집을 짐작할 뿐, 천창이라는 것의 존재를 아직까지 전혀 모르고 있었다.

규 격

모형과 도면으로 건물의 윤곽이 드러나자 건축주의 걱정도 드러나기 시작했다. 그간 15평이라는 건 호칭에 불과했다. 숫자로만 존재하던 것이었다. 그게 어느 정도인지 모르다가 모형을 보면서 이제 규모에 대한 감각이 생기기 시작한 것이었다. 나도 걱정이 되었다. 그렇다고 건물을 키울 수도 없었다.

그러던 차에 건축주가 뜻하지 않은 결단을 내렸다. 건물 준공 이후에 대비해서 갖고 있던 예비비가 약간 있는데 그걸 쓰겠다는 것이었다. 건물이 옆으로 살짝 늘어나게 되었다. 16.5평. 안도가 되면서도 걱정이 되었다. 집을 지으면 순수 공사비 외에 추가 자금 수요가 당연히 있다. 여유 자금은 확보되어 있어야 안전하다. 사실 어떤 일이든 여유와 대책이 준비되어 있어야 한다. 만

약을 대비하지 않는 사업은 인생을 해친다.

앞이 보이지 않아도 가다 보면 길이 드러나는 때도 있는 모양이다. 때맞춰 새로운 변수가 등장했다. 건축주의 오빠가 벽돌 공장 임원이었다. 여동생이 집을 짓는 데에 벽돌이 사용되는 걸 알게 되었고, 오빠가 벽돌 기부를 하겠다고 나섰다. 물론 모두 사서 보내는 것이다. 늘어난 면적의 시공비는 얼추 벽돌값과 비슷했다. 원하는 벽돌을 고르라는 연락이 왔다. 벽돌 공장으로 달려가서 거친 질감이되 뽀얀 벽돌을 골랐다.

건물 크기를 키운다고 했을 때 도면을 죽 늘인다고 끝나는 일은 아니었다. 콘크리트 벽이 외부로 노출되는 상황이니 콘크리트를 칠 때 쓰는 형틀, 즉 거푸집이 결국 건물의 얼굴이 된다. 여기서 우아한 합판 거푸집은 고려 대상도 아니었다. 별 대안도 없었다. 거푸집 중에서도 가장 싼 게 유로폼이라는 기성품이다. 일반적으로 외부에 뭘 덧대어 마감할 콘크리트를 칠 때 사용하는 것이다. 유로폼은 기성품이므로 규격이 있다. 당연히 이 집의 벽크기도 그 규격의 배수가 되어야 한다.

나의 은밀한 실험 기회였다. 유로폼 중에서도 재생 유로폼을 쓰기로 했다. 다른 공사장에서 쓴 것을 다시 쓰는 것이다. 이건내 선택이었다. 기성품의 그 패턴으로 실험을 해 보고 싶다는 생각이 있었다. 그러려면 각 유로폼 낱장의 성격이 뚜렷해야 했다. 그것들은 서로 다른 곳에서 사용된 후 이곳에 모여야 했다. 재생 유로폼이어야 했다.

유로폼을 무신경하게 주루룩 붙이지 않고 뭔가 고민의 흔적이 보이는 구성을 할 길을 찾았다. 건물 길이가 늘어났다는 것은 그 배치가 줄줄이 바뀌어야 한다는 것이었다. 어렵지는 않으나 시간은 더 드는 일이었다. 종이 위에서 그렇게 시간을 좀 더 보내면 분명 건물이 좋아진다. 그리고 현장의 시행착오에 의한 예산 낭비가 줄어든다.

문추헌 평면도.

착공

워낙 작은 건물이라 특별한 구조 계산, 별도의 기계, 전기 설계 도면도 없었다. 농가 주택을 짓던 방식을 그대로 원용하는 것이다. 그래도 1/100 축척 건축도면만 있으면 짓는 농가 주택에 비하면 도면은 훨씬 많은 편이었다. 우리는 1/50로 그렸다. 꼭 필요한 상세 도면도 그렸다. 실제로 상세 도면대로 시공할지는 알 수 없었다.

최종 도면이 전달되고 행정 절차도 마무리되었다. 착공 준비가 된 것이다. 산채비빔밥 회동 후 4개월 정도가 지난 시점이었다. 얼마 후 전갈이 왔다. 기초 공사가 마무리되었다는 소식이었다. 현장으로 달려갔다. 정통 농가 주택이 될 예정인 앞집은 이미 벽체 공사에 들어갔다. 우리의 땅에는 내가 한 번도 보지 못

기초 콘크리트를 타설한 모습.

벽체 거푸집을 올리는 모습. 다양한 색의 거푸집들이 보인다. 이들의 공통점은 모두 어디선가 두 번 사용되고 세 번째 용도로 여기 모였다는 것이다. 이 이후는 폐기 처분될 것이고.

특별히 주문해서 제작되는 거푸집. 이 거푸집이 만드는 벽에 나중에 풍경이 매달리게 되었다.

한 크기의 아담한 기초가 바닥에 놓여 있었다. 건축주는 크게 낙담하고 있었다. 너무 작았기 때문이다. 그러나 어느 공사에서나 기초만 얹어 놓으면 입주 시점에 느끼는 것보다 훨씬 작게 느껴진다. 지어 놓으면 여유롭게 느껴질 것이라고 건축주를 안심시켰다. 그러나 나도 내심 정말 작다고 생각하고 있었다.

추평저수지에도 이름처럼, 아니 내가 마음대로 추론한 이름처럼 가을이 살며시 내려앉았다. 추수가 다 끝난 벌판의 끝에서 벽체가 올라갈 준비를 시작했다. 작업을 맡은 목수들은 기대보다 훨씬 더 꼼꼼했다. 열심히 도면을 들여다보면서 거푸집 패턴을 맞추고 있었다. 도면에 표기되지 않은 사항을 현장에서 이곳저곳 추가로 요구했다. 왜 그렇게 해야 하는지 의아해하면서도 목수들은 열심히 작업에 반영해 주었다.

서 사장님은 그래도 외부에 노출되는 쪽이라면 재생 유로폼은 쓰지 말자면서 새 유로폼을 보냈다. 어차피 거푸집은 소모품이고 어딘가에는 재생 물건을 써야 한다. 어디에 새 거푸집을 쓰는지는 선택의 문제이니 외부에 노출되는 면에는 새 거푸집을 쓰자는 이야기였다. 실험 의도와는 다르지만 고마운 일이었다. 다만 내부에는 그냥 재생 유로폼을 쓰기로 했다.

이 현장에는 상주 인력이 없다는 게 문제였다. 말하자면 현장 감독이 없는 것이다. 현장을 지키는 것은 도면의 한 묶음이다. 작업자들이 공종별로 와서 그 도면을 보고 자기 생각대로 해석

하고 자기가 맡은 일을 하고 가는 구도였다. 도면은 중요한 의사 전달 매체지만 반드시 언어로 된 의사 전달도 필요하다. 결국은 내가 들락거리면서 비상주 현장 감독 역할을 해야 했다. 시간은 좀 필요하고 가끔 번거로운 일이었지만 가을 들판은 아름다웠고 가는 길은 즐거웠다.

가을의 추평리.

거래

콘크리트 구조체가 완성되고 거푸집을 떼어 냈다는 연락이 왔다. 도면 작업한 정지명 군과 대학원생들을 동반하고 부지런히 현장으로 갔다. 건축 공사에서 항상 기대가 되는 흥분의 시간이다. 평면에 그려진 도면이 최초의 삼차원 물체이자 실제 크기로 변화되어 등장하는 순간이다. 도착해서 보니 만감이 교차했다. 교차 진폭이 아주 큰 만감이었다.

재생 유로폼을 쓴 내부는 기대보다 훨씬 분위기가 좋았다. 서로 다른 여러 현장에서 사용된 후 재집결한 거푸집들이다. 그들이 만들어 낸 여러 색의 패턴은 곱고 우아했다. 여기에 벽돌을 새로 쌓아 이걸 가려야 하는지 살짝 의구심이 들기도 했으나 어차피 단열재를 붙여야 한다. 이 패턴은 기억으로만 남겨야 할 일

거푸집을 떼어 낸 내부.
천창이자 벽창이 될 개구부 너머로 추평리 가을이 보인다.
왼쪽에 도면을 그린 정지명 군이 서 있다.

거푸집을 떼어 낸 외관.
왼쪽 상부에 콘크리트가 채워지지 않은 다락 창문이 보인다.

이었다. 새 유로폼을 쓴 외부도 기대한 정도의 수준으로 비교적 깨끗하게 나와 주었다.

그런데 전면에 커다란 문제가 하나 드러나 있었다. 다락의 창 쪽에 콘크리트가 안 채워져 있었다. 이건 초대형 사고였다. 벽을 헐 수도 없으니 뭔가로 때우는 수밖에 없었다. 구조체가 완성되었다니까 서 사장님도 현장에 출동했다. 그는 이 집에 천창이 있다는 사실을 이때 처음 알게 되었다. 그것도 대단히 괴상한 방식으로 존재하는 천창이었다. 도대체 누가 저렇게 콘크리트를 찢어 놓았느냐고 주위에서 들릴 만하게 큰 목소리로 투덜거렸다. 그 이야기는 당연히 목적지인 내 귀에도 잘 들렸다.

그러나 이미 일은 저질러졌다. 그리고 그가 마땅히 책임져야 할 중요한 사안도 저질러져 있었다. 그건 콘크리트가 제대로 쳐지지 않은 다락 창문이었다. 그로서는 더 이상 천창을 추궁하기도 어려운 입장이었을 것이다. 게다가 천창을 막겠다고 콘크리트를 새로 칠 일도 아니었다. 비겼다고 해야 할 일일 것이다. 공사 현장에서 종종 등장하는 교환 거래였다.

부실 시공의 다락 창 바로 아래에 있는 거의 같은 크기의 침실 창은 큰 문제가 없었다. 문제는 그 창들 위에 콘크리트로 만들어 놓은 비막이었다. 캐노피라고도 부른다. 큰 문제는 아니었다. 다만 도면과 다를 뿐이었다. 원래 도면에는 거실 비막이와 같은 형태의 긴 삼각형 비막이가 그려져 있었다. 그런데 막상 거푸집을 떼어 내니 무심한 사각형 비막이들이 창문 위에 자리 잡고 있었다. 도면을 제대로 읽지 않은 것이었다. 거푸집을 짤 때 내가 확인하지 못한 부분이었다. 사실 기능상 문제가 되는 사안은 아니었다. 이것도 그냥 넘어가기로 했다. 나만의 사소한 미감이 문제였으니.

벽돌

필요한 벽돌 수를 개략 계산하여 알리니 곧 벽돌을 실은 트럭이 현장에 도착했다. 이제 벽돌공의 활약이 필요해졌다. 워낙 중요한 순간이라서 아침 일찍 현장으로 가서 벽돌 작업 반장을 만났다. 생각보다 젊은 사람이었다.

공사장에서 보면 세대 교체가 확연하다. 젊은 사람들이 공사장에 들어섰다는 이야기는 아니다. 오히려 젊은 사람들은 희귀하고 외국인 노동자들이 많아졌다. 그런데 가끔 만나는 젊은 사람들은 확실히 대화가 쉽다. 쓸데없는 고집을 부리지 않고 훨씬 합리적이다. 그리고 대개 친절하다. 그런 세대 교체가 확연하다. 물론 공사장 밖의 사회에서는 분명 더 그렇다.

벽돌 반장 역시 건물에 대한 정보 없이 현장에 도착한 참이었

벽돌 반장과 이러구러
벽돌 쌓기 방법 논의 중.

다. 벽돌을 내부에 쌓는다는 사실을 처음 안 것이었다. 큰 문제는
아니다. 이제부터 설명하면 되는 거니까. 그와 벽돌 쌓는 방법을
이러구러 논의하고 헤어졌다. 말하자면 벽돌 작전 회의였다.

내 경험으로 보면 인간의 값을 가장 노골적으로 계량하는 분
야로 벽돌 쌓기가 빠지지 않는다. 벽돌공의 품삯이 그가 쌓는 벽
돌 벽의 수준을 고스란히 보여주는 것이다. '이~쁘다'는 기대 수
준은 사람마다 다 다르다. 그런데 우리의 예산은 가장 낮은 품삯
의 벽돌공들을 기대하라고 알려주고 있었다. 그렇게 기대가 됐
다. 걱정도 되고.

벽돌 공사를 실제로 개시하는 날이 왔다. 아침에 가니 여전히
작업 반장이 혼자 나와 있었다. 섭외한 인부들은 충주 버스 터미
널에 곧 도착할 예정이라고 했다. 하도급을 받은 벽돌 작업 반장
이 예산에 맞게 모은 사람들이다. 그러므로 잘 모시든 구슬리든
뭐든 해야 할 대상들이었다. 가시적인 성의 표현이 필요했다. 내
가 그분들을 다 모셔오겠다고 나섰다.

도착한 버스 터미널에서 우리의 전투 부대를 만났다. 어렵지

않게 찾을 수 있었다. 한눈에 보아도 알 만큼 자신들을 잘 표현하고 있었기 때문이다. 다 헤진 망태기 장비 꾸러미를 들거나 메고 있었고 그곳에 자유분방하게 쇠흙손들이 꽂혀 있었다. 쇠흙손은 벽돌공의 필수 장비니 그게 그들의 직업을 알려 주었다. 영화 장면으로 치면 백전노장과 패잔병 무리, 어떻게 이름 붙여도 다 통할 모습들이었다. 황야의 무법자들이거나 공포의 외인구단이라고 불려도 좋을 분위기였다. 어찌 되었든 결국은 오합지졸이라 표현해야 할 차림의 세 사람이 오합지졸이라고 표현해야 할 방식으로 모여 담배를 피우고 있었다.

차에 태웠다. 아니지, 모셨다. 그들은 그때까지 내 차를 탄 사람들 중 가장 독특한 체취를 뿜어내는 이들의 집합이기도 했다. 담배 향과 막걸리, 신체 분비물의 냄새가 적절히 조합되면 어떻게 되는지 알려 주었다. 물론 그 이후에도 없는 경험이었다.

마라토너

그렇게 현장에 작업팀이 집결했다. 내가 할 일은 여전히 벽돌공들을 구슬리고 타협하며 비위를 잘 맞춰 주는 일이다. 이들은 특별히 더욱 잘 구슬리고 타협하며 비위를 맞춰야 할 대상들임이 아주 분명했다. 점심을 배달해 먹겠다는 이들을 모두 이끌고, 아니 모시고 면사무소 앞으로 갔다. 읍내 유일의 중국집이 있었다. 가장 비싼 점심 식사를 주문했는데 그건 삼선짬뽕이었다.

벽돌 반장은 벽돌공 중 가장 젊은 사람인 건 맞았다. 그런데 그는 모든 것에 불만이었고 패잔병들은 모든 것에 무심했다. 벽돌 반장이 불만스러워 하는 것에 자신의 인생 노정이 포함되어 있었다. 그는 전직 마라토너였다.

내 임무 중의 하나는 적극적인 관심 표명이었다. 당연히 와,

하며 기록을 물었다. 지금 기억이 나지는 않지만 그는 일반인으로 치면 놀랍고, 그렇다고 선수라고 치면 좀 모자라는 기록을 이야기했다. 마라톤을 했었다는 사실이 아직은 그의 인생에서 금자탑이었을 것이다. 사실 그 먼 거리를 두 다리로 뛰어 완주한다는 인간들의 존재가 경이롭기는 하다. 세상에는 '삼보 이상 승차'라는 원칙을 고수 실천하며 두 다리의 진화론적 퇴화를 꿈꾸는 인간 무리들이 훨씬 많다.

그런데 그 경이로운 존재가 이번에는 엉뚱하게 벽돌 반장이 되어 이 공사장에 뛰어와 있었다. 그는 과거의 그 마라토너가 어쩌다가 현재의 벽돌공이 되었는지 스스로 의아해했고 그 과정과 현재에 모두 불만스러워했다. 그리하여 자신이 뛰어가야 할 미래는 분명 벽돌과 관련 없는 곳이라고 믿고 있는 게 분명했다. 간단히 탈출이라 표현할 것이다. 그렇게 탈출을 꿈꾸는 그는, 탈출해야 마땅할 곳에 남겨져 쌓아야 할 벽돌 벽이 당연히 아주 불안하고 불만스러웠을 것이다. 그 불만은 스스로 불만스럽게 실토한 자신의 품삯에 이미 반영되어 있었다. 불만이 잉태하여 그 품삯을 낳았는지, 그 품삯의 결과물로 불만이 생겼는지 묻는다면 둘 다라고 해야 할 것이다.

불만

패잔병들은 그들 나름대로 작업을 통해 자신들이 누구인지 표현했다. 벽돌 반 장이 필요하면 쇠흙손으로 아무렇게나 툭툭 쳐서 벽돌을 쪼갰고 그걸 쌓으려 들었다. 이건 도저히 용납할 수 없는 사안이었다. 그렇게 쌓은 벽은 고스란히 내부 마감면이 되어 눈앞에 드러날 것이었다. 건축주의 오빠가 기증한 벽돌이라는 생각까지 하면 그렇게 무심히 쪼갤 물건들은 분명 아니었다. 그렇다고 화를 내거나 다그치면 일을 더욱 그르친다. 역사가 가르쳐준 방법은 오랑캐가 오랑캐를 다스리게 하는 것이다. 이전의 마라토너이자 현재의 벽돌공이며 미래의 모습을 아직 정하지 못한 그가 제압의 주체가 되도록 해야 한다. 인부들의 임금을 그가 지급한다. 최대한 그를 구슬렀다. 벽돌을 자를 때는 전기톱으로 정

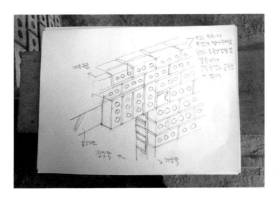

어느 날 벽돌
반장에게 남기고 온
스케치.

확하게 치수를 맞춰 달라고 요청했다. 당시 패잔병들은 상시 담배를 물고 있어 입이 몹시 바빴다. 그럼에도 그 바쁜 입으로 틈을 내 성실히 투덜거렸다. 벽돌 벽은 그럭저럭 올라갔다.

이 마라토너가 중요했던 이유는 결국 그가 앞장서서 쌓는 벽돌이 건축주가 마주 보며 살 마감면이 될 예정이었기 때문이다. 게다가 벽의 여기저기에는 내가 특별히 주문하는 내용들도 반영되어야 했다. 면벽수도를 위해 마주 앉는 벽이 아니라면 결국 벽에 뭔가 걸리고 매달리게 된다. 그 벽에 못을 박지 않고 살기 위해서는 벽돌이 걸개 역할을 해야 할 것이다. 그를 위해서는 벽돌을 요리조리 돌려가며 꼼꼼하게 쌓아야 할 일이었다.

그런데 그런 꼼꼼함에 대한 관심은 욕심이거나 사치에 해당한다고 해야 할 사건이 벌어졌다. 12월 초인데 기온이 갑자기 영하로 떨어졌다. 시멘트를 개겠다고 받아 놓은 물함지에 살얼음이 얼었다. 게다가 폭설이 왔다. 정상적인 공사장이면 물 쓰는 공사는 일단 중지하는 게 마땅했다. 그러나 서둘러 벽돌에서 달아나고 싶은 마라토너는 쉴 생각이 없었다.

사실 이 공사장에서 나는 도대체 누구인지 정체성이 모호했다. 박쥐처럼 여러 개의 정체성을 가져서가 아니고 정체성이 없어서였다. 따지고 보면 그냥 멀리서 온 이상한 아저씨였을 따름이다. 특히 내가 이들에게 임금을 지불하는 게 아니니 공사 중지 명령을 내릴 상황도 아니었다. 아직 창문이 달리지 않은 상태라 열린 구멍들을 모두 비닐로 막았다. 내부에 난로를 피워가며 벽돌 벽은 쌓였다. 내 근심도 쌓였다. 나는 바닥에 떨어져 돌아다니는 단열재 조각들을 주워 얼기설기 붙여 놓은 단열재 틈을 메꿨다. 그들은 그곳에 벽돌을 쌓았다.

벽돌 공사가 마무리되었다고 할 수 있는지는 아직 잘 모를 일이나 결국 벽에 벽돌이 가득 들어서기는 했고 마라토너와 역전의 외인구단들도 떠났다. 그 자리에 겨울이 왔다. 한적한 추평리의 언덕에서 작은 콘크리트 덩어리가 웅크리고 봄을 기다렸다. 나는 쌓은 벽돌이 내심 불안했다. 그러니 겨울은 더 길었다.

아직 벽돌 공사 중인데 눈이 온 초겨울.

풍경

해를 넘겨 2월이 되었다. 지구가 겨울의 너비만큼 움직인 것이다. 공사가 기지개를 켰다. 마무리에 들어갈 시점이 된 것이다. 멀리서 본 건물은 콘크리트 거푸집을 떼어 낸 후와 비교해 별로 달라진 게 없었다. 하지만 과연 다른 계절이라고 뒷산의 배경들이 조금씩 색을 바꿨다. 다행히 벽돌도 별 문제는 없어 보였다.

　이번에는 건물 내외부 마감 인력들이 출현하기 시작했다. 건물 마감에서 내가 요구한 것 중의 하나는 외벽의 폼타이를 떼지 말라는 것이었다. 콘크리트는 중량이 엄청나다. 거푸집이 콘크리트로 인해 벌어지는 걸 막기 위해 양쪽 거푸집을 일정한 간격으로 잡아줘야 한다. 그 간격을 유지하는 물건, 그것이 이름 그대로 폼타이(Form-tie)다. 대개는 준공 후 그걸 떼고 다른 마감

재를 대서 이 흔적을 가린다. 그런데 그대로 두면 벽의 입체감이 더 부각될 것 같았다. 녹이 슬어 벽에 녹물이 흘러내릴 염려는 있었다. 그래서 에폭시 덧칠만 하는 걸로 하고 폼타이는 존치하기로 했다. 서 사장님은 안전을 우려했다. 사람들이 오가다 부딪혀 다치면 어쩌냐는 것이었다. 나는 문제 없을 거라고 생각했는데 안전 문제라니 마냥 우길 수도 없었다. 그래서 입구쪽 면의 키 높이까지는 폼타이를 떼어 내는 데 동의했다.

건물이 거의 다 되었다는 생각이 들었을 때 인사동으로 갔다. 조계사 근처 상가로 가면 풍경(風磬)이 있으리라는 짐작이었다. 절집에 가면 추녀 아래 매달려 있는 그 풍경이다. 성불사 깊은 밤에 고요하게 울리더라는 가곡의 그 풍경. 전에 조계사 앞의 불교용품점 진열장을 보니 무엄하기는 해도 규격별로 불상도 팔더라. 그러니 풍경이 없을 리 없었다. 가 보니 과연 크기별로 있었다. 가격별 구분이기도 했다. 적당한 값의 풍경을 샀다. 이럴 때 적당하다는 건 중간값이다.

4월의 마지막 날 콘크리트용 드릴과 풍경을 들고 추평리로 향했다. 콘크리트 거푸집을 칠 때 목수 옆에서 부탁했던 것이 있었다. 거실 전면의 벽을 좀 깎아 낸 것처럼 보이게 거푸집을 짜달라고 한 것이다. 그곳에 풍경을 매달면 좋겠다고 생각하고 있었다. 거푸집을 떼어 내니 과연 거기 원래 있어야 할 물건이 풍경인 것처럼 풍경 매달기 딱 좋은 모습으로 벽 끝단이 모습을 드러냈다. 드릴로 구멍을 파고 절집처럼 풍경을 매달았다. 건축주는 독실한 불교도이므로.

그런데 의외의 문제가 발생했다. 생각보나 바람이 세게 부는 동네였다. 즉시 동네의 민원이 들어오기 시작했다. 시끄럽다. 농촌에 가서 살려면 발전 기금도 내면서 성의 표시를 해야 한다는 게 알려진 정설이다. 고요한 풍경화 너머 작동하는 농촌의 극심한 배타성은 상상을 초월한다고 들어왔다. 그런데 이 신참 입주자가 풍경 소리로 고요를 깨뜨리는 건 정립된 기존 질서에 대한 심각한 도전이겠다. 그렇다고 풍경을 떼는 건 곤란했으므로 건축주는 풍경 속의 망치에 솜을 갖다 댔다. 드디어 그윽한 풍경 소리가 완성되었다.

거실 전면 캐노피 벽에 설치한 풍경.

계 절

이 집의 창은 많지 않다. 그중 하나가 건축주가 최소한의 구획을 원했던 침실, 혹은 취침 공간이라 불러야 할 곳에 수평으로 난 창이다. 당연히 이 창은 사용자의 시선을 위한 것이다. 그래서 그 높이는 아침에 일어나 낮은 돌침대에 앉았을 때의 눈높이를 고려해 결정되었다. 멀리 추평저수지 쪽이 보이게끔.

더 중요한 창은 천창이다. 결로 우려를 간단히 무시하고 집의 가치를 위해 만들어 넣은 그 천창. 천창이 그냥 하늘만 담는다면 그건 지붕에 뚫린 구멍에 불과했을 것이다. 그러나 당연히 이 집에서는 그 이상의 가치를 갖고 있어야 했다. 이 창은 지붕에 뚫린 구멍이 아니라 천창과 벽창이 이어진 모습이다. 즉 지붕 슬래브에서 벽으로 이어진 창인 것이다. 나중에 건축주가 "천창을 만들어 달라고는 했는데, 건축가가 저렇게 만들 줄은 꿈에도 생각하지 못했다."고 이야기한 창이다.

천창이 하늘을 담아야 한다면 벽창은 계절을 담는다. 침실에서 아침에 일어나 앉았을 때 눈높이에서 그 계절이 보여야 한다. 그렇게 창문으로 포착된 풍경이 이야기를 건네줘야 한다. 오늘 아침 바람이 불고 있는지, 밤새 눈이 왔는지, 혹은 오매 단풍이 들어버린 것인지. 그래서 그 창은 주변 산의 나뭇잎들이 가장 상세하게 잘 보이는 곳을 향해 나 있다. 이 땅에서 가장 가을을 잘 보여줄 방향으로.

5월이 되어 부엌 가구와 가전제품이 들어왔다. 집도 완성이 된 셈이다. 굳이 준공식을 할 일은 아니나 뭔가를 해야 할 일이 었는데 그건 건축주의 친척들이 해주었다. 편액을 붙인 것이다. 편액이 있기 위해서는 당호가 필요했다. 내가 당호를 정하는 경우도 있었지만 이 집은 건축주의 친척들이 정했다. 건축주의 이름에서 글자를 따서 '문추헌(文秋軒)'. 당호에 가을이 들어있는 게 무척 마음에 들었다. 추평저수지 근처에 있을 가치가 있는 집 같았다. 편액을 붙이는 날 나는 건물 사진 찍겠다고 카메라를 들고 방문했다. 이리저리 건물을 돌아보던 친척들 중 누군가가 묻는 이야기가 들렸다.

"건물 밖에는 이제 타일 붙일 건가 보지?"

보도

그렇게 건물이 완성되었다. 그런데 엉뚱한 방향으로 일이 좀 커졌다. 그간 신문에 글을 좀 싣다 보니 몇몇 기자들과 친분이 좀 있다. 대개 문화부 기자들이다. 이들은 나를 취재원이나 필자가 아니고 술 친구로 간주한다. 그래서 나와 친해진 기자들은 남녀불문 대부분 맥주 주당들이다. 그런데 술 친구들이라도 기자는 기자인지라 만나서 이야기를 하다 보면 뭔가 사연을 찾아내려고 한다.

딱 그런 자리였다. 요새 뭐 재미있는 일 하는 것 없느냐는 질문에 당연히 이 작은 집 이야기가 나왔다. 문제는 술김에 서로 다른 두 신문사 기자들에게 이야기를 해 버린 것이었다. 경쟁 관계에 있다고 해야 할 신문사였다. 이들은 단군 이래 최대 규모라는 아파트 단지에는 손톱만큼의 관심도 없었다. 관심사는 오로지 이 손톱만한 집이었다. 갑자기 보도 경쟁 구도가 형성되어 버렸다.

신사협정을 맺어야 했다. 잘못하면 술 친구가 아니고 술 원수가 될 수도 있었다. 이럴 때는 '웬수'라고 발음한다. 그래서 같은 날 보도를 하는 걸로 중재를 했다. 그런데 보도를 하려면 취재를 해야 했다. 내가 동반 방문해서 설명을 해야 하는데 두 경쟁 기자와 함께 방문할 수는 없는 일이었다. 할 수 없이 날짜를 나눠 이틀 연속 추평리를 다녀와야 했다.

신사협정이 잘 지켜졌고 문추헌이 동일 일자 지면에 등장했다. 집은 작지만 보도된 면은 아주 컸다. 그리고 얼마 후 또 다른 신문에서도 비슷한 크기로 문추헌을 보도했다. 인터넷 포털 사이트에도 올랐다.

전화가 빗발쳤다. 수백 통은 될 것이다. 이메일도 꽤 받았다. 내용은 대부분 비슷했다. 나도 집을 짓고 싶다, 예산은 나도 부족하다, 내게도 그렇게 설계를 해줄 수 없느냐, 도면이라도 얻을 수는 없느냐, 달걀이 아니라면 메추리알이라도 내놓아라. 덕분에 다양한 하소연들을 참 많이 듣게 되었다. 다 구구하고 절절한 사연들이었다. 그러나 내가 묻는 질문에 그렇다고 답한 사람은 한 명도 없었다.

"혹시 지금까지 자원봉사를 하며 사셨나요?"

어느 학교 박사 과정에 재학 중이라는 사람은 교수가 학생인 자신을 위해 설계를 무료로 해 주지 않는다고 전화기 너머로 화를 내기도 했다. 결국 문추헌을 고리로 다른 작업을 하지는 않았다. 내게 설계를 의뢰하고 문추헌을 다녀온 건축주는 있었다.

놀라운 건 사람들의 탐구 능력이었다. 보도에는 문추헌의 주소를 넣지 않았다. 면소재지 이름까지만 밝혔을 따름이다. 그럼에도 신기한 재주로 찾아오는 사람들이 꽤 있었다. 면사무소 직원 두 명이 찾아온 적도 있었다고 한다. 이들은 건물로서 문추헌이 궁금해서 온 건 아니었다. 사람들이 면사무소에 가서 이 집의 위치를 내놓으라고 했던 모양이다. 하도 많은 요구를 당하다 보니 본인들이 그 위치가 궁금해졌던 것이었다.

이후로 적지 않은 방송 출연 섭외도 있었다. 당연히 건축주는 고사했다. 은퇴 후 조용히 살려고 지은 집이 더 이상 알려지면 곤란하다는데 나도 충분히 동의가 되었다. 그런데 이 집의 진정한 가치는 더 조용히 다른 곳에서 내려졌다. 아주 먼 곳이고 예측도 하지 못한 외국이었다.

준공된 모습.

거친 콘크리트 벽체와 폼타이,
그리고 햇빛이 만드는 긴 그림자.

뒷면의 입구 모습.
키 높이까지는 폼타이를 제거했다.

거실 전면의
캐노피 부분.

현관에 들어서서 보이는 풍경.

벽에 걸린 이 집의 첫 스케치.
벽에 못을 박지 않으려면
벽돌이 조심스럽게 쌓여야 했다.

침실과 다락이 보이는 내부 야경.

아침에 돌침대에서 일어나 앉았을 때
보이는 눈높이의 풍경.
저 창 너머로 계절이 보인다.

천장으로 들어오는 빛이 시간에 따라 달라지는 모습.

합 격

집은 준공 이후부터 다시 짓기 시작한다. 이때부터는 시공자가 아니고 건축주가 짓는다. 마당이 있는 집은 아주 성실한 관리를 요구한다. 문추헌의 건축주는 마당이 있는 집에 충분히 살 자격이 있는 사람임을 마당 관리를 통해 증명했다. 나는 문추헌 외벽에 담쟁이를 추천했다. 건축주가 심은 담쟁이도 역시 성실하게 자랐다.

나머지는 씩씩하게 도면을 그리고 공사 현장에도 따라 다닌 정지명 군의 이야기다. 졸업 후 한국에서 실무를 좀 하고 싶다는 본인의 의지에 따라 규모가 좀 큰 설계 회사에 취업 추천을 했다. 한국말도 능청스럽게 잘 하는데다 성격도 적극적이니 주저할 필요가 없었다. 그렇게 한국에서 2년 정도 실무 훈련을 하고 그는 중국으로 돌아갔다. 그리고 중국 최고의 설계 조직 중 하나에 취업해서 잘 다니고 있었다. 신상 변화 때마다 보고를 하던 그가 좀 더 큼지막한 사안을 보고했다.

"교수님, 저 결혼합니다."

그가 신부와 함께 서울을 방문했다. 한국어를 전혀 못하는 신부의 통역을 맡아서 정신이 없는 본인에게 결혼하게 된 배경을 좀 물었다. 질문 내용을 전해 들은 신부가 깔깔 웃었다. 배경에 문추헌이 깔려 있었다. 둘은 이미 결혼 약속을 했었고 장인에게 설득 겸 인사를 하러 간 길이었다. 예비 장인을 만난 자리에서 사위 후보는 문추헌이 보도된 신문 두 장을 펼쳐 놓았다고 했다. 뭐라고 설명했는지는 모를 일이다. 하여간 한국의 유명 일간지 문화면에 대문짝만하게 실린 건물을 사위 후보가 들고 온 것이다. 신부가 전한 예비 장인의 답변은 간단했다고 한다. 합격!

건축주의 인생에도 만만찮은 변화가 있었다. 마이클 조던도 아닌데 은퇴를 번복하고 요양 병원에서 근무를 시작했다. 60대 후반이면 환자들과 나이 차도 별로 없지 않을까 싶기도 하다. 요양 대상인지 요양 주체인지 좀 헷갈리지는 않을까. 갖고 있는 게 별로 없어 다락도 필요 없다고 했는데 이제는 집 밖에 작은 컨테이너 박스도 놓여 있다. 은퇴를 고려하는 걸 넘어서 뭔가 자꾸 새로 시작하는 게 아닌지 의아하기도 하였다. 나는 그게 집이 주는 에너지라고 혼자서 믿기로 했다.

모두가 행복하게 끝나야 하는 게 1970년대 드라마의 원칙이다. 문추헌도 그렇게 마무리가 되었다. 등장인물 모두가 끈끈한 관계가 된 것이다. 추평저수지 숲에 낙엽이 들면 건축주, 아니 고모님께서 부르신다.

"오세요, 문추헌 마당에서 바비큐 파티 합시다!"

집은
준공 이후에도
계속 지어나간다.

건축가나 시공자가 아니고
사는 사람이.

문추헌도 그렇다.

담류헌

가을빛의 향연

"교수님, 그럼 우리 집은 빛의 향연이 없는 건가요?"

깜짝 놀랐다. 한번도 건축주에게 그런 이야기를 한 기억이 없었다.

어떻게 빛의 향연을 기대하게 되었을까.

혐의는 역시 인터넷밖에 없었다.

계 획

서울시로부터 새로운 작업 요청이 왔다. 그런데 이건 다른 의미에서 다른 난이도의 작업이었다. 〈가락시영아파트 재건축 사업〉은 고난도 퍼즐을 맞추는 작업이기는 했으나 임무는 뚜렷했다. 배치 계획을 마무리해서 서울시 건축위원회 심의를 통과하면 되는 일이었다. 그런데 이 새 작업은 뭘 어떻게 해야 하는지 전혀 모를 일이었다. 작업을 의뢰한 서울시도 몰랐다.

노들섬은 뜨거운 감자였다. 이야기는 또 그 전임 시장으로부터 시작했다. 서울시에서 민간 소유였던 이 섬을 274억 원에 매입했다. 이곳에 랜드마크를 지으려는 의지 때문이었다. 그 랜드마크는 청소년 야외 음악당으로 출발했다. 그러다가 오페라 극장, 미술관이 포함된 복합 문화 센터로 발전했다. 노들섬이 '한

강예술섬'이 되는 것이다. 그걸 배경으로 외국인 관광객들이 사진 찍는 관광 자원으로 만들겠다는 뜻이었으니 주제는 예술이 아니고 피사체였다. 좀 당황스런 구도였다. 한강변에 볼 게 없다는 서울시장의 문제의식에서 출발했을 것이다.

건축 현상 공모만 세 차례 개최되었다. 설계비로 책정된 건 130억 원인데 국제 지명 공모로 당선된 외국 건축가가 요구한 설계비는 354억 원이어서 선정 결과가 백지화되는 사건도 있었다. 세 번째 공모에서 국내 건축가가 선정되었다.

건축 사업비로 책정된 것이 약 6천억 원이었다. 그러나 거기서 끝나는 일이 아니었다. 섬이니 당연히 교통이 좋지 않아 대중교통을 추가로 확보해야 했다. 교통 기반 시설 확충비로 4천억 원 정도가 추산되었다. 게다가 유지 운영을 위해 해마다 수백억 원이 필요했다. 좋은 사업이 아니었다. 너무 비싼 피사체였다. 그럼에도 사업은 추진되었고 건축 설계까지 다 마무리되었다. 팡파레와 함께 땅파기 시작하는 일만 남았다.

그런데 시의회에서 발목을 잡았다. 근거 법률인 〈노들섬예술센터 건립기금 조례〉와 〈재단법인 한강예술섬 설립운영에 관한 조례〉를 다 폐지해 버린 것이다. 사업 시행의 법적 근거가 다 사라졌다. 게다가 전임 시장이 사퇴하고 새로운 시장이 등장했다. 조례 없는 사업을 신임 시장이 추진할 근거도, 명분도, 의지도 없었다. 그렇다고 이 섬을 방치할 수도 없었다. 지급한 설계비는 매몰 비용이 되어야 했다. 그게 아깝다고 1조 원짜리 돈 먹는 하마를 만들 수는 없었다. 그간 들인 돈이 아깝다는 이유로 더 달려드는 건 도박판의 정신이다.

다들 이 섬에 무언가를 해야 한다고 생각하고 있었다. 해야 할 그 무언가를 찾아 정리할 사람으로 내가 차출되었다. 이번에는 노들섬의 총괄 계획가가 된 것이다. 그런데 총괄 계획가가 어디서부터 어디까지 뭘 어떻게 해야 하는 건지 도대체 모를 일이었다. 물었더니 명쾌한 답이 왔다. 다 알아서 해라.

알아서 하라는 문장을 잘 새겨야 했다. 마음대로 하라는 의미가 절대 아니기 때문이다. 엄청나게 많은 사람이 눈을 동그랗게 뜨고 보고 있는 사업이었다. 결과뿐 아니라 절차적 타당성도 대단히 중요했다. 그러니 알아서 하라는 건 절차를 알아서 밟아서 모두가 수긍할 만한 결과를 만들어 내라는 것이었다.

말 그대로 내가 섬의 총괄 계획(Master plan) 도면을 그리고 난 후 후속 사업을 진행하는 것도 고려했다. 나는 총괄 계획가였으므로. 원하면 그것도 알아서 하라는 답신을 받았다. 건축가로서는 영광스런 일이었다. 한강 복판에 작업을 남기는 건 분명 특권이었다. 그런데 내가 시장 명의의 임명장을 받긴 했어도 그게 여기 내 이름의 건축 작업을 하라는 위임장이라고 보기는 어려웠다. 가장 중요한 위임은 선출되는 것이었다. 결국 건축적 선출 과정이 필요했으니 해결책은 공모였다.

한강 복판의 노들섬. 접근이 어려운 곳이라는 게 확연하다.

관계자 모두가 동의하는 원칙이 있었다. 용도부터 결정한다는 것이었다. 이게 당연한 이야기 같지만 세상에는 당연하지 않은 일들이 있다. 건물부터 짓고 어떻게 쓸까 고민하는 사례가 전임 시장 재임기에 있었다는 이야기다.

그래서 섬의 용도부터 공모하기로 했다. 말하자면 운영자를 공모하고 그 당선자가 제안한 용도를 선택한다는 것이다. 그렇다고 다짜고짜 이 땅에 뭘 할지 알아서 제안하라고 공모를 할 수는 없었다. 그간 백가쟁명 의견들을 취합해서 큰 방향을 제시하는 게 총괄 계획가, 내가 할 일이었다. 내가 좋아하는 표현으로 헌법의 첫 줄은 써 놓아야 다음 조항들이 흔들리지 않고 이어갈 수 있다는 말이다. 나는 그림을 그리는 대신 방향만 결정했다.

나는 노들섬은 도시로부터 떨어진 곳이니 일상과 연결시키려는 것은 섬의 가치를 거스르는 일이라고 판단했다. 오히려 이 섬은 일상으로부터 먼 탈출구가 되어야 했다. 해방구라 불려도 좋을 곳이었다. 일상으로부터 먼 것, 그것을 지칭하는 단어는 '꿈'이다. 그래서 나는 이 섬의 이름 중간에 한 글자를 덧붙였다. 노들꿈섬. 이렇게 노들섬에서 멋진, 혹은 허튼 꿈을 꾸고 있는데 파주 산 밑의 건축주로부터 연락이 왔다. 아들이 둘이란다.

아들

여자는 태어나는 것이 아니라 만들어지는 것이다. 어느 프랑스 작가의 문장으로 유명하다. 사회적 구도를 생각하면 선언적으로 이해가 된다. 무슨 이야기를 하고 싶은지도 알겠다. 그런데 한국에서 아들 낳아 키워 본 엄마들은 다 시큰둥할 것이다. 저게 다 아들 안 키워 봐서 하는 허튼 소리지, 하면서. 나는 한국 경험자들의 입장에 백 번 동의한다. 키워 봐.

아들 둘이 아파트에 살면 반드시 벌어지는 사건이 있다. 하루가 멀다고 인터폰, 전화가 걸려온다. 애들 좀 뛰지 못하게 하라고. 층간 소음을 유발하는 원인 첫 순위가 남자 아이들의 질주다. 그런데 아들은 만들어지는 것이 아니고 태어나는 것이다. 그렇게 뛰어다니며 사냥을 하라고 '이기적 유전자'가 주문을 걸어

났다. 그런 신비로운 주문을 개체가 어찌 거스르겠느냐. 뛰지 말라고 타이르고 고함치고 슬리퍼를 신겨도 인터폰이 울린다. 모두 피곤하고 불행해지는 것이다. 아들만 둘인 어떤 가족의 이야기를 들은 게 있다. 남편 입장의 목격담이다. 퇴근하고 집에 가면 아들 둘과 엄마, 셋 중의 하나는 울고 있다는 이야기다.

그런 이유로 건축주가 찾아왔다. 더 이상 두 아들에게 발꿈치 들고 다니라고 이야기하고 싶지 않다는 것이었다. 큰아들은 초등학교 6학년, 작은아들은 1학년. 나중에 남편이 표현한 아내의 모습은 이렇다. 어디를 가든 골목대장이 되는 여자. 골목대장이라는 칭호는 알통의 두께가 아니고 사회성과 친화력으로 성취하는 것이다. 처음 나를 만나러 나온 건 골목대장이었다.

이번 건축주는 땅을 고르는 것부터 자문해 달라고 했다. 현명한 일이다. 파주 심학산 남쪽 언덕의 민간 택지 개발 단지였다. 가 보니 일부는 분양이 되었고 심지어 건물이 준공된 필지도 있었다. 남은 필지 중에서 하나를 고르면 될 일이었다. 이런 경우는 예측이 중요하다. 앞으로 어떤 모양으로 단지가 바뀌어 나갈 것인지에 대한 판단이다. 추천된 필지 몇 개를 봤고 진입구와 가장 가까운 땅을 추천했다. 이 땅 전면에 앞으로도 다른 건물이 들어서지 않는다는 점 때문이었다.

얼마 후 연락이 왔다. 다른 땅을 계약했다는 소식이었다. 추천한 땅은 삼각형인데다 단지 전체의 오배수관로가 지나가는 게 마음에 걸렸다고 한다. 나는 추천했을 따름이고 그 땅이 마음에 걸리는 게 많았다니 그 판단에 대해 내가 뭐라 판단할 일은 아니었다. 그런데 대안으로 예약한 땅이 좀 불편한 조건을 갖고 있었다. 앞뒤, 즉 남북으로 다른 필지가 있었다. 말하자면 중간에 낀 땅이다. 바로 코앞에 다른 집이 딱 붙어 지어질 게 뻔했다. 미래가 훤한 상황이었다. 아니, 꽉 막힌 상황이었다. 처음 후보지 중의 하나일 때 이 문제를 거론하고 추천에서 배제했던 땅이다. 그래도 결국 막힐 이 땅을 구입하기로 결정했다는 것이었다. 그 판단을 내가 비난할 수는 없었다. 모두 주어진 조건에 최선을 다해서 내리는 결정이므로. 다음 소식이 왔다.

"이제 설계를 해 주셔야죠."

설계를 하기 전에 먼저 골목대장과 남편과 아들들에 대해 알아야 했다. 도대체 왜 집을 지으려고 할까. 사실 남편은 별로 중요한 변수가 아니고 아들들이 문제였을 것이다. 본인 의지와 관계없이 아들로 태어난 그들.

권력

1,000건의 주거 사례를 모으겠다고 나선 적이 있다. 한국인들이 어떻게 살고 있는지 들여다볼 요량이었다. 외부로부터 요청받은 것은 아니었고 순전히 개인적으로 궁금했던 사안이다. 궁금해지는 게 언제나 문제의 시작이다. 당연히 연구비도 없고 다그치는 일정 없으니 일은 천천히 진행되었다. 결국 700건 정도를 모으는 데 그쳤지만 충분히 흥미로운 현상들을 발견할 수 있었다.

한국의 가족 구성이 빠르게 달라지고 있다는 건 어김없는 사실이다. 하지만 여전히 한국에서 가장 일반적으로 인식되는 보통 가족은 아들, 딸이 하나씩 있는 4인 구성이다. 이런 가족이 방 세 개 있는 아파트에 산다는 가정이다. 그런데 이 표준화된 주거

구성을 잘 들여다 보면 신기한 현상이 드러난다. 한국적인 현상이라고 지칭해야 한다.

먼저 안방이라는 것이 있다. 이전 시대부터 존재하던 중요한 방이다. 큰 저택에서는 안채라는 이름으로 불렸다. 곳간의 열쇠를 움켜쥔 사람이 거처하는 공간이다. 그러나 일반적인 백성들 집에서는 그냥 안방이었다. 여전히 아파트에서도 등장하는 가장 중요한 방이다.

우선 저 안방이라는 곳의 정체를 규명해야 한다. 변소가 화장실로, 부엌이 주방으로 바뀌어도 안방이라는 이름은 의구하다. 어렵게 '마스터베드룸'이라고 부르던 아파트 분양 광고도 잠시 있었다. 그러나 결국 안방이라는 이름은 흔들리지 않았다. 모든 한국의 주거에서 이 안방은 항상 제일 좋은 위치를 점유한다. 가장 햇빛이 잘 들고 입구에서 먼 곳을 의미하는 말이다. 이 안방의 일반적인 인식은 4인 가족에서 부모의 방이라는 것이다.

좀 더 정확히 지적하면 안방은 그 집의 최고 권력자가 사용한다. 물론 대개 그 권력자가 부모일 가능성이 높기는 하다. 그러나 가끔 가족 내에서 권력의 전도가 일어난다. 쿠데타가 일어나는 건 아니고 자연스런 가족 변화의 결과다. 가장 빈번한 권력 전도는 자녀가 수험생이 되는 순간 벌어진다. 그 안방을 부모가 수험생에게 양보하는 경우가 종종 발생한다. 가장 좋은 방을 최전선 전투 참가자가 사용하는 것이다. 안방 점거 기간 동안은 수험생이 집의 절대 권력자다. 모든 가족 구성원이 수험생의 눈치를 살핀다는 이야기다.

가끔 경제권 전도가 일어난다. 부모가 은퇴하고 자녀 중 하나가 유일한 수입원으로서 가계를 책임지는 경우다. 이때 부모가 자녀에게 안방 양보의 의사 표명을 한다. 물론 자녀의 실제 안방 접수 여부는 좀 다른 일이기도 하다. 그러나 일단 부모가 안방을 계속 사용하는 것이 불편해지는 것이다. 왜냐하면 그곳은 권력의 공간이므로.

부모 사이의 권력 분할이 일어나기도 한다. 이 경우 안방에서 추방되는 것은 남편이다. 그러면 방이 하나 부족해진다. 한때 세렝게티 초원을 호령하던 사자였으나 이제는 추방된 남루한 남편은 거실 일부의 정비 작업에 나선다. 그가 확보하는 공간은 텔레비전을 마주한 소파 위나 앞이다. 소파 앞이라면 바닥에 깔개를 깔아 공간을 구획한다. 그 옆에는 텔레비전을 통제할 수 있는 마지막 권력 기제, 리모콘이 배치된다. 리모콘은 이빨도 발톱도 빠지고 안방에서 추방된 사자가 끝내 움켜쥐고 있어야 할 마지막 권력 보루다.

그래서 갈 데 없어진 남편의 로망 중 하나가 서재다. 공간에 여유가 있다면 실제로 남편은 서재를 얻는다. 물론 이곳은 책을 읽는 공간이 아니고 안방에서 퇴출된 남편의 은신처다. 눈앞에서 얼쩡거려도, 사라져 보이지 않아도 혼난다는 그. 그의 탈출 공간을 들여다보면 대개 서재라는 이름이 무색하다. 서가에 책이라고는 잡지 몇 권 꽂힌 수준이고 골프장에서 받아 온 기념패와 컴퓨터 정도가 자리 잡고 있을 따름이다. 이때 컴퓨터의 모니터가 방문 앞에서 직접 보이지 않게 배치하는 것이 중요하다. 모니터든 TV든 화면 통제는 곧 권력이다.

주거에서 입식 생활을 선도한 것은 부엌이었다. 아궁이를 입식 부엌 가구가 대체했고 여기 덩달아 식탁이 놓이게 되었다. 궁금한 것은 이 식탁의 자리 배치다. 사람들은 식탁 도착 순서대로 앉아서 식사하지 않는다. 모두 '내 자리'를 갖는다. 일반적으로 주부는 부엌에서 가장 가까운 자리에 앉는다. 기능적인 조건을 고려하면 충분히 이해가 된다. 그렇다면 최고 권력자가 앉는 자리는 어디일까. 그건 TV 화면이 가장 잘 보이는 자리다. 그 자리에 앉는 사람이 그 가정의 최고 권력자인 것이다.

문간방

아들과 딸은 각각 어떤 방을 배정받게 될까. 한국의 주거에서도 아들은 좀 독특한 위치를 갖는다. 아들과 딸이 달리 인식된다는 것이고 그 차이는 방 배정 문제에서부터 드러난다.

한국의 아파트 평면이 다 비슷한 건 건축가들이 한심하고 그들의 상상력이 부족해서가 아니다. 주어진 전용 면적비, 남향, 맞통풍, 공사비 등의 조건을 만족시키면 딱 그 모양이 나온다. 혁신적인 실험을 하려면 이런 변수 몇 개를 무시해야 하는데 대개 그 결과는 끔찍하다. 바로 미분양이다. 한국에서 아파트의 기능과 장점 중 하나가 환금성인데 혁신적인 아파트는 시장 거래가 잘 이루어질 리 없다. 그건 곧 가격 하락으로 이어진다. 공급자, 입주자가 기피하는데 당연히 이 실험은 받아들이기 어렵다.

4인 가족을 전제로 한 방 세 개의 아파트.
현관 전면에 방이 하나 배치된다.

아파트 평면을 짜게 되면 대개 문간방이 하나 나오게 된다. 현관을 들어서면 마주보게 되는 방이다. 이 방은 거의 항상 아들의 방이다. 조선 시대의 저택이라면 행랑채다. 이에 비해 딸은 안방과 가까운 방을 받는다. 조선 시대로 치면 안채에 딸린 방이 되는 것이다.

이건 참으로 신기한 현상이었다. 가끔 딸이 현관 앞방을 쓴다는 경우도 있었다. 그런데 이건 큰딸이 아들 역할을 할 경우였다. 큰아들과 작은딸의 구성에서는 거의 예외 없이 큰아들이 행랑채에 갔다. 이건 현상의 관찰이었는데 더 궁금한 건 인식의 문제였다. 큰아들과 작은딸로 이루어지지 않은 가족은 어떻게 생각하는지 궁금했다.

그러면 사고 실험을 하는 수밖에 없다. 큰아들과 작은딸이 있다면 저 현관 앞방을 과연 누가 쓰고 있겠느냐고 묻는 것이다. 한국 사람들은 거의 예외 없이 큰아들이라고 대답했다. 신기해서 외국인들이 모인 강의장에서 같은 질문을 해보기도 했다. 그들은 도대체 무얼 묻는 건지 질문 자체를 이해하지 못했다. 철저하게 한국적인 현상이었다.

그렇다면 왜 아들이 저 현관 앞방을 써야 할까. 그 이유는 대체로 어처구니 없었으나 이 역시 거의 일관되었다. 도둑이 들어오면 아들이 야구 방망이를 들고 가족을 지켜야 한다는 것이었다. 놀라운 사고 구조였다. 아들과 딸의 역할 분담에 관한 강고한 신념과 한국인이 지닌 주택에 관한 생각을 보여 주었다. 현관 외부에 위험이 상존한다는 인식이었다.

건축학과 학생들이 졸업 설계라는 걸 하게 되면 주제를 자신이 정해 한 학기 정도 뭔가를 만들어야 한다. 어느 학교에서나 빠지지 않는 주제가 공동 주택이다. 우리의 아파트에 문제가 있다는 인식에서 출발한다. 그 문제의 핵심은 대개 이웃과의 소통 단절이다. 말하자면 커뮤니티의 부재다. 이건 건축학과 학생뿐 아니라 거의 모든 사람이 지적하는 한국 사회의 문제다. 심지어 북한의 매체에서도 남한의 사회를 비난할 때 거론하는 주제다.

그런데 익명을 전제로 설문 조사를 하면 나오는 답이 살짝 다르다. 이웃으로부터 간섭받지 않고 사는 주거에 대한 선호가 엄청나게 높다. 커뮤니티와는 좀 다른 이야기다. 간섭받지 않겠다는 의지는 결국 외부에 대한 기피와 혐오를 이야기한다. 집 밖에는 위험한 것들이 잠존하니 외부로부터 보호받아야 한다는 의미고. 그건 여러 겹으로 표현된다. 단위 세대의 안전도가 높아야 하는 것은 물론이고 단지 전체가 배타적이어야 한다. 그래서 필사적으로 아파트 단지 주변에도 담을 쌓고 철조망을 얹는다. 이 외부 혐오, 경계, 기피 사고가 결국 믿음직한 아들을 현관 전면에 내세우는 것이다.

강아지가 소변 자국을 통해 자신의 영역을 확보한다는 것도 많이 들은 이야기다. 식구들도 각각 배정된 자기 방을 자기 방식대로 점유, 관리, 사용한다. 21세기 초반 한국인들의 영역 인식은 휴대폰 충전기를 통해서였다. 충전기는 항상 벽의 전원에 연결되어 있고 그 충전기는 가족 구성원 각자의 사적 소유물이다. 그 충전기의 전원이 있는 방이 자기 방이고 그 근처가 자기 공간이다. 그래서 자신의 충전기에 다른 사람의 휴대폰이 물리면 한국인들은 자신의 소변 자국을 무시당한 강아지 같은 감정 상태에 들어서곤 한다. 신기한 일이었다. 한국인은 만들어지는 건지, 태어나는 건지.

규모

부처님 오신 날, 혹은 부처님이 오셨다고 전해지는 날, 아니면 부처님이 오신 것으로 간주하기로 한 그날, 나중에 천주교도들로 드러나는 건축주가 결정했다는 땅을 구경하러 파주로 갔다. 필지 선택 여부를 고민할 때와는 다른 눈으로 더욱 찬찬히 보아야 할 일이었다. 처음으로 네 식구를 모두 만난 날이다. 드디어 두 아들도 등장했다.

아들만 둘이면 누군가는 딸의 역할을 한다는 게 경험적 정설이다. 아니나 다를까 여기도 작은아들이 그 역할을 하고 있었다. 큰아들은 맏이답게 과묵하고 의젓했다.

왜 파주에 땅을 샀을까. 남편의 직장은 서울 하고도 강남이었다. 대중교통 출퇴근은 고려 대상이 아니다. 파주에서 자동차로 달리면 아무리 빨라도 두 시간이다. 하루 네 시간 이상을 도로에서 소모해야 하는 상황이 합리적이지 않다. 하지만 합리성은 주관적 가치다. 직장 가까운 곳에 집을 구하려면 어쩔 수 없이 아파트나 이와 유사한 공동 주거여야 한다. 문제는 여전히 두 아들이다. 거실에서 조심조심 다니라고 할수록 아이들은 주눅든 것처럼 살아야 한다. 아들들이 발뒤꿈치 쿵쿵 딛으면서 떳떳하게 걸어 다닐 수 있다면 아빠가 네 시간 운전하는 건 문제 없다는 입장이었다. 이것도 합리적이다.

"어떤 집에서 살고 싶으세요?"

이게 내 질문이었다. 사실 답변이 좀 어려운 질문인데 바로 답이 나왔다. 그간 고민을 많이 했다는 이야기였다. 그리고 그 답의 형식은 모범 답안에 가까웠다. 언덕 위의 빨간 집과 같은 형태적 요구가 아니고 집의 존재 가치를 서술하는 문장들이었다. 그리고 더 놀라운 건 부부가 완벽하게 그 가치에 동의한다는 것이었다. 새로운 집에서 기대하는 시나리오는 이런 것이다.

일단 학교에서 돌아오는 아들들은 절대로 혼자 귀가하지 않아야 한다. 학교 친구들을 줄줄 매달고 오는 것이다. 좀 있으면 동네 친구들이 몰려온다. 이들이 집에 잔뜩 모여서 커다란 화면에 음향 빵빵하게 틀어 놓고 만화 영화를 본다. 그런데 좀 있다

보면 그 친구들의 부모들이 슬금슬금 들어온다. 아이들을 소환하러 온 것이 아니고 자신들도 놀러 온 것이다. 맥주를 마시면서. 이것이 골목대장 건축주가 구술해 준 시나리오이고 가족의 미래이자 집의 가치였다.

예산은 예상처럼, 아니 예상보다 부족했다. 공사비는 건물의 면적에 거의 비례해서 올라가는 것이므로 예산으로 지을 수 있는 규모가 한정된다. 그 안에서 방들을 배치해야 하는데, 방 세 개가 빠듯하게 들어갈 법했다.

그런데 건축주가 생각하는 생활을 상상하면 거실 하나가 있는 평면으로는 좀 곤란했다. 거실에 TV를 놓고 싶어하지 않았기 때문이다. 빵빵한 소리를 울려 줄 공간이 하나 더 필요한데, 가족실이라고 부르면 딱 좋을 곳이었다. 그런데 가족실을 넣으면 방이 하나 빠져야 했다. 다행스럽게 두 아들은 다섯 살 터울이지만 아주 사이가 좋았다. 나는 두 아들이 한 방을 사용하게 하자고 제안했다. 그래야 둘 사이도 더 돈독해진다. 공간 공유는 대인 관계망 규정에서 대단히 중요한 사회적 장치다.

중요한 건 아들들 본인의 의사였다. 특히 큰아들의 입장이었는데 자기는 좋다고 했단다. 방은 안방과 아들들 방, 두 개로 충분하게 되었다. 혹시 큰아들이 나중에 독립된 공간을 원하게 될 수도 있다. 그렇게 되면 가족실의 이용 횟수가 떨어질 것이다. 때가 되면 가족실을 조정해서 사용하면 되겠다고 생각했다. 물론 그런 결론에 도달하지 않는 게 가장 좋을 일이고.

이날 등장하지 않은 것은 가족에 가까운 개 한 마리다. 우아하게 '버들이'라는 이름의 이 친구는 생긴 것은 이름처럼 우아한데 하도 여러 사람들이 놀러 오는 집에 살다 보니 식당개처럼 되어 버렸다는 설명이었다.

메모

나는 이럴 때는 기억력이 비상해진다. 나눈 이야기를 돌아와서
정리하니 A4 용지 한 장이 가득 찼다. 그런데 며칠 후 건축주로
부터 설계에서 고려했으면 좋겠다는 요청 사안이 빼곡한 메모가
왔다. 현장에서 이야기를 충분히 하기는 했는데 이를 받아 적지
않는 건축가가 못 미더웠을 수도 있다. 그렇다 하더라도 온 건
지금껏 주택 설계 과정에서는 겪어 보지 못했던 분량의 요청이
었다. 지금까지 만난 대개의 건축주는 최소한의 조건을 전달하
고 나머지는 거의 알아서 해 달라고 했다. 그런데 이번에는 메모
지로 몇 페이지나 되는 요청이 수필처럼 나열되어 있었다.

주방에서 거실을 마주보며 작업하고 싶다, 비가 올 때 거실 문
을 열어 두고 싶다, 아파트와 달리 천장이 평평하지 않았으면 좋

겠다, 등. 기능적 요구 조건 다음에는 건축 전문지에 나올 법한 이야기들도 있었다. 깔끔한 마감, 적절하게 사용된 고급 자재, 지루하지 않은 디자인, 멋들어진 창호, 미니멀한 디자인, 강화 유리의 계단 난간, 높은 천장. 모두 혹은 가능하면 잊지 말고 꼭 챙겨 달라는 이야기였는데 특별히 신경 쓰이는 부분이 하나 있었다.

이전에 서향집에 살아 본 적이 있는데 끔찍했더라는 이야기였다. 한국의 주택에서 남향이 갖는 권위는 절대적이다. 실제로 남향집이 좋다. 건축주의 메모에도 남향에 대한 뚜렷한 입장 표명이 담겨 있었다. 그런데 건축주가 고른 땅은 동서로 긴 사각형이다. 남쪽에 다른 대지가 있다. 그 땅에 지어질 집도 남향을 최대한 확보한 상태로 지어질 것이다. 그렇다면 이쪽에서 보면 남향 면이 다 막힌다. 남향집을 지으면 앞집의 뒤통수를 보고 살아야 한다.

얼마 후 아들들의 주문이라는 요청이 추가 접수되었다. 그간 모아 놓은 로봇 건담브이 모형이 꽤 있는데 그것들을 전시할 공간을 만들어 달라는 내용이었다. 어렵지는 않겠으나 중요한 고려 사안이었다.

세모난 집이라고 알려진 〈시선재〉의 실무 작업팀이 고스란히 다시 투입되었다. 여기 대학원생들이 기본 계획과 모형 작업을 돕게 되는 구도였다. 차이라면 〈시선재〉의 작업을 도왔던 대학원생들은 모두 졸업하고 새로운 학생들이 등장했다는 점이다.

골목대장은 블로그를 개설해서 집 짓는 이야기를 올려놓기 시작했다. 일기 같은 형식이었으나 어차피 누구나 검색해서 읽을 수가 있었다. 건축주가 내게는 알리지 않았으나 실무팀이 알려 줘서 가끔 들어가 보게 되었다. 게시글 중에 건축주 지인의 질문이 있었다. 예산도 얼마 안 된다면서 왜 비싼 건축가를 선정했느냐는 내용이었다. 맞는 말이다. '허가방'이라고 부르는, 건축 허가용 도면만 그려 주고 알아서 시공하라는 사람들에 비하면 설계비는 비싸다.

질문에 대한 건축주의 답신이 인상적이었다. 예산이 부족한 것은 맞다. 그러니 더욱 좋은 설계가 있어야 한다. 그래서 비싼 건축가에게 의뢰를 했다는 이야기였다. 내가 읽어도 백 번 옳은 내용이었다. 설계가 부실하면 그 부실한 내용을 시공 과정에서 보정해야 한다. 호미로 막을 일을 가래로 막게 된다. 호미를 사는 것이 나중에 가래를 사는 것보다 훨씬 경제적이다. 부처님 오신 날에 만났을 때 남편이 아내를 현명하다고 표현했는데 공치사가 아니었다.

계 획

설계에 관여되는 변수는 참으로 많다. 그 모든 변수를 다 변수인 상태로 두고 작업을 진행하면 아무것도 나오지 않는다. 큰 문제를 우선 정리하고 작은 것들을 마무리하는 게 설계의 과정이다. 건축 설계에서 가장 큰 문제는 배치다. 건물을 땅 위에 어떻게 놓느냐는 것이다. 이 건물도 그저 네모난 모양이 되어야 하는 건 다르지 않았다. 그런데 건물이 어디를 보고 앉느냐가 중요했다. 햇빛 받는 남향이 좋은데 거긴 앞집이 꽉 막고 있다. 아니, 그렇게 되도록 예정되어 있다. 굳이 예언자의 인지 능력이 없어도 쉽게 알 수 있었다.

묘수인지 꼼수인지 모르겠으나 무슨 수가 필요했다. 대지 조건상 서쪽으로는 앞으로 다른 건물이 들어설 일이 없었다. 잘 조정하면 남향도 서향도 아닌 방식으로 창을 낼 수 있는 일이었다. 그건 바로 남서향이었다. 그리고 북서향을 동시에 조합한다. 남향은 아닌데 서향도 아닌 이상한 조건을 만족시키는 그림을 그렸다. 부엌은 남서향, 거실은 북서향이다.

부처님 오신 날로부터 두 달 반 정도가 되어 그림이 완성되었고 건축주 가족을 학교로 초대했다. 평면도, 투시도, 모형이 제시되었다. 당연히 건담브이 모형을 전시할 공간도 고려되었다. 계단을 모두 건담브이 전시장으로 만든 것이다. 자동차의 중요도가 높은 집이라 차고는 아니더라도 자동차 비막이는 가능한 집이었다. 만들고 보니 좀 독특한 모습이기는 했다.

건축주들은 모두 신기해했다. 멋진 집이라고 감탄했다. 평면을 꼼꼼히 들여다보면서 이것저것 질문하던 건축주는 방들이 좀 작은 게 아니냐고 우려를 했다. 우리가 일반적으로 방이라고 상정하는 공간은 대개 네모난 것이다. 그런데 여기 가구가 하나만 들어가도 실제 사용하는 공간은 이상한 도형으로 변화한다. 그 가구가 차지하는 공간을 빼고 사용해야 하기 때문이다. 그래서 ㄱ자로 꺾인 방이나 좀 울퉁불퉁한 모양의 방이 더 기능적일 수도 있다. 이 경우도 방들에 개방형 전실이나 부속실이 하나씩 붙어 있는 평면을 그렸다. 그러니 평범한 사각형 공간으로서의 방은 좀 작을 수도 있었다. 어찌 되었든 방이 좀 작아 보인다는 우려를 남겼으나 만족한 모습으로 건축주가 떠났다.

꼭 이틀 후 건축주로부터 이메일이 왔다. 보여 준 건물은 서향이 아니냐는 것이었다. 서향이 아니고 남서향과 북서향이라고 우길 수도 있었다. 막힐 게 뻔한 남쪽을 피해 다니다 보니 서향을 서향이 아닌 것으로 만들겠다고 작업을 했다. 말하자면 그렇게 주장했던 것이다. 건축주는 아주 정중했다. 보여 준 계획안도 아주 마음에 들지만 그럼에도 다른 계획안도 함께 진행해 주었으면 좋겠다는 의견을 표명했다. 알아들어야 했다.

처음 제시한 설계안. 남서향과 북서향의 조합이다.　　　반대쪽 입구는 주차장 부분.

대안

내가 인정하고 받아들여야 할 사안이었다. 건물을 설계하는 데는 변수가 많다. 특히 사업 목적으로 건물을 짓게 되면 사업 환경이 바뀌면서 지속적으로 요구 조건이 바뀌게 된다. 계획안도 춤을 춰야 한다. 그러면 결국 설계하는 사람들이 지치게 된다. 건축주의 단순 변심으로 계획안을 새로 만들어야 하는 경우도 있다. 나는 이 경우 계약 갱신이나 추가 설계비를 요구한다. 설계가 계획이고 치밀해야 한다면 건축주의 요구도 그 고민의 결과여야 한다. 그래야 공평하다. 갑자기 생각나는 대로 요구하고 건축가가 그마다 대안을 만들어야 한다면 그건 건축 노비를 고용한 것이다.

그런데 이 경우는 건축주의 꿈을 내가 잘못 읽은 것이었다. 남향집이어야 했다. 그래서 다시 물었다. 앞이 막힐 것인데 문제 없겠느냐는 질문이었다. 자신들이 선택한 땅의 한계이므로 받아들이겠다는 대답이 왔다. 다시 그리기로 했다. 남향 전면 차폐에 관한 사안이 정리되었으므로 오히려 고민이 줄게 되었다. 동서로 길고 최대한 남향면을 확보한 긴 사각형 건물이면 될 일이었다. 그게 경제적이고 예산에 맞출 수 있는 기본 구도이기도 했다.

갑자기 건축주가 많은 사진을 이메일로 보내기 시작했다. 인터넷에서 검색한 집들이었고 모두 인테리어에 관련된 내용들이었다. 사진에 화살표까지 붙여서 이런저런 분위기였으면 좋겠다는 설명이 따라왔다. 위험한 순간이었다. 당연히 일반적으로 건축주들은 자신의 예산과 그림 속 다른 건물들에 들였을 예산을 함께 고려하지 못한다. 대개는 인터넷에서 돌아다니는 사진의 집들과 비교하기 어려운 저렴한 예산의 건물을 지어야 한다. 더욱 중요한 문제는 이게 건축가의 자존심을 건드릴 수 있는 것이다. "이대로 따라 해 주세요."라는 이야기로 읽힐 수도 있기 때문이다. 그렇다면 내게 설계를 의뢰할 필요가 없는 것이다.

답신을 보냈다. 건축가의 자존심을 훼손하는 일일 수도 있다고 사실대로 설명했다. 건축주는 이후 사진을 첨부해 보내지는 않았다. 그런데 나중에 이야기를 들으니 실무 소장에게 많지는 않았어도 이런저런 사진을 보냈던 모양이었다. 아마 기대와 로망을 어떻게든 전달하고 싶었기 때문일 것이다.

블록

건물의 외형이 간단한 사각형으로 결정되고 평면도 어렵지 않게 방향을 찾았다. 층별 방 배치는 건축주의 의견을 물어 결정되었다. 아래층에 거실과 두 아들의 방이 있고 위층에 가족실과 안방이 배치되었다. 검소한 주택인데 꼭 하나 사치를 부린 것은 천창이었다. 거실 벽이 커다란 화판이 되고 천창으로부터 강력한 빛이 들어오길 기대했다. 다음 문제는 외부 마감재였다. 그러던 차에 실무 소장이 타조알은 아니고 새로운 재료를 알아 왔다. 시장에 등장한 지 얼마 안 된 재료였다.

상품명이 일반 명사로 바뀐 사례들이 좀 있다. 포스트잇, 샤프 연필, 호치키스 등이 비슷한 사례다. 지금부터 등장하는 건축 재료도 그중 하나가 될 예정이었다. 넓게 따지면 시멘트 블록에 해

당하는 재료다. 그런데 1970년대의 공장 벽체를 연상시키는 저 값싼 시멘트 블록과는 좀 다른 모습이었다. 비교도 안 될 만큼 예쁘장한 시멘트 블록이 막 등장한 것이다. 큐블록이라는 이름을 달고 나왔다.

샘플을 보니 마음에 들었다. 다른 마감을 더 할 필요도 없는데다 주사위 같은 육면체로 똑 떨어지는 모습이었다. 가운데의 구멍이 네모나고 동그란 변화도 있었다. 벽돌 한 장 크기에 맞춘 규격이니 유연했고 정육면체여서 돌려가며 쌓으면 다양하게 이용할 수 있었다. 가장 중요한 가치는 비교적 가격이 저렴하다는 것이었다. 외장재가 결정되었다.

이제 재료에 맞춰 도면을 정리해 나가면 될 일이었다. 건물의 모든 치수가 큐블록 크기의 배수로 맞춰진 도면이 완성되었다. 중요한 것은 비례를 잡는 일이었다. 외부가 워낙 간단한 상자 모양이었기에 구성 요소들 사이의 비례가 아주 중요했다. 창들의 위치와 존재도 당연히 모두 검증해야 했다. 큐블록의 내부 구멍이 동그라미인지 네모인지도 그려 보고 확인한 뒤 결정할 문제였다. 언뜻 보면 다 비슷비슷한데 자세히 보면 죄 다른 그림들이 계속 그려졌다. 비례가 다 달랐다.

서향집 이후 한 달 만에 새 계획안을 들고 건축주를 만났다. 여전히 나는 앞집의 존재가 부담스럽기는 했다. 그러나 건축주는 이미 그 문제에 완전히 마음을 비운 상태였다. 그리고 새 계획안에 아주 만족해 했다.

새로 제시한 건물의 전면에는 콘크리트로 된 큼직한 십자가 구조체가 있었다. 내 입장에서 나름 중요한 의미가 있었다. 그건 건축적 취향이었다. 큐블록으로 건물 전체를 감싸기는 했지만 이 건물은 철근 콘크리트 구조체임을 표현하고 싶은 것이었다. 뼈대가 어떤 것인지 명료하게 설명하는 건 건축의 유서 깊은 전통이다. 블록은 강도가 낮기는 하지만 종종 하중을 받는 구조체의 역할을 할 때도 있다. 그래서 이 설계에서 전면의 콘크리트 십자가는 자신이 큐블록을 지지하고 있음을 선명하게 드러내는 장치였다. 나는 이것을 '노출'이 아니고 '표현'이라고 불러왔다. 하여간 이 집에서도 콘크리트 구조가 표현되어 있다. 저 '콘크리트 십자가'를 통해.

전면이 막히는 걸 감수하고 제시한 대안. 큐블록이라는 재료도 결정되었다.

그런데 건축주의 입장에서는 '콘크리트 십자가'라는 단어에서 '콘크리트'보다는 '십자가'를 읽었을 일이다. 그들의 믿음을 건물이 표현하고 있다고 믿었기 때문일 것이다. 물론 콘크리트 구조체가 다른 모양으로 자신을 표현할 수는 있었다. 그럼에도 굳이 십자가의 모양을 선택했던 것은 이 집에서도 담아내야 할 믿음과 마음이 있었기 때문이다.

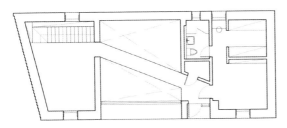

담류헌 2층 평면도.

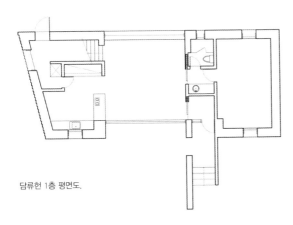

담류헌 1층 평면도.

당호

그러던 중 건축주로부터 좀 당황스런 질문이 왔다. 질문이 아니고 요청이었을 것이다.

"교수님, 저희는 당호 안 지어주시나요?"

집에 이름이 있는 건 당연하다. 내가 당호를 지은 경우도 있고 건축주가 지은 경우도 있었다. 그런데 내가 당호를 지은 사례는 어찌 알았을까. 인터넷밖에는 혐의가 없었다.

근대 건축사 책을 읽어보면 서양 건축사에서 가장 중요한 주택 두 개가 항상 등장한다. 〈빌라사브아(Villa Savoye)〉와 〈카우프만하우스(Kaufmann House)〉. 공통적인 건 건축주의 가족 이름이 무심하게 건물 이름이 된 것이다. 이건 서양 전통이되 당호의 개념이 없는 문화의 모습이다. 그나마 〈카우프만하우스〉는 작은 폭포 위에 지어져서 〈Fallingwater〉라고 불리었다. 이건 당호라기보다 별명 수준이다. 그런데 이게 수입 번역되면서 〈낙수장(落水莊)〉이라는 어찌 보면 엉뚱한 이름을 얻었다. 이 주택의 건축주나 건축가가 한자 문화권에 마땅히 감사해야 할 일이다.

우리의 전통 건축에서 건물들의 모양은 다 비슷하다. 결국 그 개별 정체성을 보여 주는 것은 전면에 걸린 편액이다. 거기에 담긴 글자가 중요한 것이다. 그게 당호다. 나는 당호가 한자 이름이기를 기대한다. 좁은 공간에 많은 의미를 담을 수 있는 문자이기 때문이다. 그리고 뭔가 더 있어 보이기도 하고. 한글 전용론자에게 미안하기는 해도 이건 부인할 수 없는 문화적 유산이다. 적어도 집이라는 전제에서는 그렇다.

그렇다고 당호를 건축가가 일방적으로 통보할 수는 없는 일이다. 두 개를 작명해서 보냈고 선택 답신이 왔다. 〈담류헌(談流軒)〉. 저 '담(談)'은 이야기를 뜻하는 글자 중에서도 특히 내가 좋아하는 것이다. 서로 동등한 위계를 지닌 사람들이 주제도 없고 목표도 없이 나누는 이야기를 뜻하기 때문이다. 여러 사람이 모이는 걸 꿈꾸는 집이고 거기서 많은 이야기가 목적 없고 정처 없이 흐르기를 기대하니 '류(流)'가 들어갔다. 이 글자 역시 정처 없다는 점에서는 '담'과 통하는 글자다. 글자 모양으로 보면 '담

(談)'은 건물의 형태적 외관과, '류(流)'는 건축주의 집에 대한 꿈과 잘 어울린다는 느낌이 들었다. 그렇게 당호가 결정된 후 며칠이 지났다. 이번에는 다른 질문이 왔다.

"그런데 저희 당호 써 주시지는 않나요?"

이 역시 인터넷 어딘가에 나와 있는 정보가 아닌가 싶었다. 건축가에게 갑자기 이상한 숙제가 도착한 것이다. 아무리 박쥐라지만 이건 박쥐 과업 목록에 없는 내용이었다. 나는 거기까지 발을 뻗친 박쥐는 아니었다. 그렇다고 건축주가 기대한다는데 피해 나갈 길도 없었다. 즐거운 숙제이기는 하다. 일필휘지로 뭔가를 만들어 낼 내공이 전혀 아니다. 한참 연습하고 써 보니 박쥐의 어두운 눈으로 보아 만족해야 할 글씨가 나왔다. 적당히 흘러가는 글자 모양이었다. 그런데 이걸 스캔해서 보낸다고 끝날 일도 아니었다. 아직 건물 착공도 하지 않았지만 결국은 물리적인 물건으로 만들어 가서 붙여야 하겠구나 하고 짐작했다.

담류헌 당호.

예산

중요한 변수가 하나 고정되었으므로 예산을 점점 더 고민해야 했다. 건축주는 〈시선재〉 시공팀에 대한 호감 표명을 하고 있었다. 그런데 이건 다른 의미에서 위험한 일이었다. 잘못하면 건축가가 시공자를 추천한 모양이 되기 때문이었다. 건축가는 시공자와 건물에 관한 이해관계가 좀 다르다. 시공 현장에는 수많은 사람이 작업을 진행하고 예측 불허의 사안들이 수시로 발생한다. 이게 대개는 돈에 관계된 분쟁으로 치닫는다. 돈으로 해결할 수밖에 없는 사안인 것이다.

　현장에서 도면과 다른 시공이 발견되면 건축가가 수정을 요구해야 한다. 그런데 시공자를 건축가가 선정한 것이라면 적지 않은 경우 시공자의 입장을 양해해 주게 된다. 좋은 건물을 위한 적절한 구도가 아니다. 그러나 건축주들은 대개 시공자에 대한 정보가 없거나 부족하다. 그래서 건축가에게 시공자 추천을 의뢰하곤 한다. 타협점은 복수의 시공자를 추천하고 건축주가 선택하게 만드는 것이다.

건축주를 처음 만난 지 7개월 하고도 절반 정도가 지난 시점이었다. 설계를 제대로 시작한 걸로만 치면 반년이 지났다. 도면이 완성되어 갈 무렵 시공업자 선정 문제가 본격적으로 가시화되기 시작했다. 〈시선재〉 시공팀에 대한 건축주의 선호도가 워낙 강력했다. 꼭 그분들이 작업을 해 주었으면 좋겠다고. '최 사장님'의 팀이다. 이런 선택이 입찰하는 것보다 나은 면도 있을 수 있기는 하다.

완성된 도면을 시공팀이 검토하고 견적서를 보내왔다. 도면은 미완성으로 돌아갔다. 감량이 시작되었다. 출산의 고통보다 심하다는 것이 권투 선수의 감량 고통이라고 했다. 두 고통을 다 느껴본 사람이 한 이야기인지는 알 수 없다. 하여간 우리의 도면도 감량에 들어갔다.

생활의 필수가 아닌 것들이 사라졌다. 가장 먼저 사라진 건 천창이었다. 집의 품위와 가치를 위해 넣은 것이었고 그걸 통해 들어오는 빛이 계단과 극명하게 대비가 될 것이라 꿈꿨었다. 그런데 견적 금액은 그건 가치가 아니고 사치라고 규정했다. 단호했다. 대개 설계자의 문제는 항상 과다한 의욕이다. 뭔가를 더 해 놓으려는 의욕. 그런데 감량은 뱃살만 빼는 것이 아닌지라 여기 저기 지방과 근육이 다 빠져나갔다. 신뢰도 높은 알루미늄 시스템 창호도 아파트에서 흔히 쓰는 플라스틱 창호로 바뀌었다. 큐블록의 모양과 크기에 맞춰 그려 놓았던 난간들도 사라졌다.

건물은 더 이상 빼낼 것이 없는 수준까지 내려왔다. 설계했던 입장에서는 뼈만 남은 것이다. 그럼에도 지으려는 건물은 예산보다 여전히 더 비싸다고 견적 금액이 경고를 보냈다.

다음부터는 영혼을 팔아야 하는 일이었다. 그래서 영혼을 팔기로 했다. 기어이 건물 외관에 손을 대기 시작한 것이다. 큐블록보다 저렴한 건 외벽 단열재밖에 없었다. 콘크리트 벽체 외부에 단열재를 붙이고 코팅해서 끝내는 것이다. 건물 전면에만 큐블록을 남기고 옆면 테두리를 하얗게 코팅하여 마무리하는 걸로 도면이 바뀌었다. 갑자기 생소한 건물이 눈앞에 등장했다. 그간 비례를 맞춘다고 검토했던 수많은 그림이 예산 앞에서 하루아침에 무의미해졌다. 좌절스런 순간이었다.

예산에 맞춘 그림을 건축주에게 보냈다. 더욱 좌절한 건 건축주였다. 그들이 그간 보고 꿈꾸던 건물의 모양과 너무 달랐을 것이다. 건축주가 '잠깐!'을 외쳤다. 스포츠 경기로 치면 작전 타임인 것이다. 주말의 작전 타임이었다. 다음 주 초에 건축주가 들고 온 대책은 긴급 수혈이었다. 자세한 이야기를 듣지는 못했지만 짐작컨대 어떤 종류의 대출이었다. 테두리가 하얗게 둘러싼

거실에 들어오는 빛의 연구.

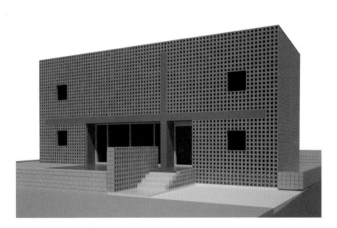

거의 마무리에 이른 계획안.

집은 너무 좌절스러웠다고 했다. 그래서 큐블록 외관이 살아남았다. 그 작전 타임의 순간이 없었다면 아마 〈담류헌〉은 이 책에 등장하지 않았을 것이다.

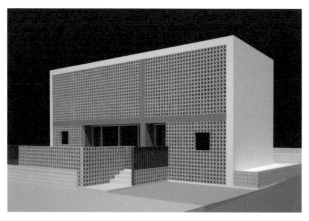

영혼을 팔아 그린 계획안.
건물 테두리는 가장 저렴한 재료다.

휴학

겨울로 접어들었다. 어차피 시공팀은 겨울 공사는 할 생각이 없었다. 겨울의 골조 공사는 용감보다는 무모에 가깝다. 대신 그 겨울 동안 예산과 도면 사이의 저울질이 계속되었다. 예산이 빠듯한 건 여전히 달라지지 않았기 때문이다. 어디까지 공사하고 어디부터 가구로 만드느냐는 구분도 예산의 변수였고 결정되어야 했다. 이건 모두 도면 조정 작업을 요구하는 일이었다. 건축주의 요구도 좀 더 꼼꼼하고 복잡해지기 시작했다. 이걸 모두 도면으로 반영해야 하는 실무팀의 입도 점점 나오기 시작했다. 그런 조정이 지나고 해를 넘긴 2월에 시공 계약이 체결되었다. 설계에 9개월 정도가 소요된 것이다.

우리가 처음 설계를 시작할 때 앞집도 대지 구매가 막 결정되었다는 이야기를 들었다. 그런데 그 땅에는 이미 설계 도면이 아니라 건물이 하나 들어서 있었다. 준공이 된 것이다. 남쪽이 어느 정도가 막히는지 가늠할 수 있게 된 게 그나마 다행이었다.

그런데 여기서 의외의 사건이 하나 등장했다. 당시 나는 새로 시작하는 3월 학기부터 1년 간 연구년 기간이었다. 수업이 없는 것이다. 그런데 마침 군대를 다녀와서 그 학기에 복학할 학생이 하나 있었다. 그 학생이 내가 설계한 건물이 착공에 들어간다는 이야기를 들었던 모양이었다. 그리고는 이를 시공할 건설사를 수소문해서 복학을 미루고 인턴 신청을 해버렸다. 〈담류헌〉 현장에 보내 달라고. 건설사 입장에서는 기특하게 생각할 일이었다. 나도 당황스럽기는 했지만 그런 씩씩한 제자를 만나는 건 드물고 반가운 일이다. 어디다 던져놔도 생존할 수 있음을 과시하는 선수이기 때문이다. 그래서 갑자기 〈담류헌〉의 건설사 현장 관리자가 결정되어 버렸다. 그의 고생길이 훤했다.

내가 건축가를 지망하는 학생들에게 항상 강조하는 것이 현장이다. 사진으로 재료를 보지 말고 가서 손으로 한번 만지고 들어 보라고 요구한다. 학생일 때는 사실 현장 체험은 어렵다. 기회가 별로 없다. 중요한 건 졸업 후 건축 설계 사무소에 실무를 익히기 위해 취업한 시기다. 대개의 설계 사무소는 이들에게 멋진 그림을 요구한다. 정확히 표현하면 그림만 그릴 것을 요구한다. 그래서 현장에서 어떤 방식으로 건물을 만드는지 전혀 모르는 채 경력만 쌓이는 경우가 태반이다. 숫자로만 쌓이는 경력이다. 군대로 치면 야전 경험 하나 없이 사령부 내근만으로 계급이 올라가는 것이다.

그래서 졸업을 잠시 미뤄도 작은 주택 건설 현장을 시작부터 끝까지 체험하는 것은 충분히 가치가 있는 일이다. 물론 졸업 후 건축가의 길을 기대하는 경우에 그렇다.

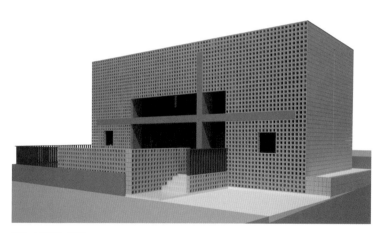

이후 더 발전한 계획안.
콘크리트 십자가가 훨씬 더 강조되고 더 드라마틱한 내부를 기대한 제안이었다.
그러나 결국 조적공들에 의해 이전 제안으로 후퇴했다.

보정

봄이 왔다. 공사하기 딱 좋은 계절이다. 기초를 치고 뼈대 콘크리트 작업이 시작되었다. 난이도가 높지 않은 건물이라 평이하게 진행하면 될 일이었다. 이때 중요한 건 건물의 형태보다 디테일이다. 그건 재료의 질감과 마감을 모두 포함하는 단어다.

　공간으로 보아 〈담류헌〉에서 가장 중요한 곳은 거실이다. 다른 집들도 다 그렇기는 하겠지만 그 중요성이 특별하기로 되어 있는 집이다. 그래서 천장도 2층 높이로 개방되었고 그 사이를 대각선으로 복도가 가로지른다. 거실이 조금 좁다는 것이 좀 아쉬웠다. 법적 제약과 예산 한계가 동시에 작용한 결과였다. 이를 해소하려면 전면 마당이 거실의 역할을 떠안아 줘야 했다. 거실 바닥에는 상당히 큰 크기의 타일을 깔기로 했다. 거실 전면의 마

거푸집 철거 직후의
거실 상부 상태.

당은 콘크리트 마감인데 타일과 같은 크기로 줄눈을 새겨 넣기
로 했다. 두 공간이 연결되어 있음을 강조하는 의도다.

거실 천장의 모습 또한 중요했다. 여기는 콘크리트를 그대로
노출하기로 했다. 정사각형 큐블록을 크게 확대한 것이고 외부
의 십자가를 다른 방식으로 재현하는 모습이기도 했다. 중요한
건 콘크리트 노출 방식이었다. 경험상 콘크리트의 수평바닥면은
대개 별 문제 없이 깨끗한 모습으로 나온다. 항상 수직면과 만나
는 모서리가 문제다. 그래서 콘크리트가 노출되는 수직면을 가
능하면 최대한 줄이도록 설계했다.

거푸집이 콘크리트의 거의 전부다. 거실의 천장 거푸집을 짜
는데 줄눈을 죄 맞추고 거푸집 모서리에 시멘트 물이 새지 않도
록 테이프를 발랐다. 이걸 확인하지 않으면 대개의 현장 목수와
인부들은 별 생각 없이 거푸집을 짠다. 이게 노출될 것인지 마감

재료로 후처리 될지 별 관심이 없는 목수들도 있었다.

지붕 슬래브까지 모두 완성이 되었고 거푸집을 떼어 냈다. 가장 조심스럽고 흥분되는 순간이 바로 이런 때다. 절반 정도의 완성이었다. 나쁘지는 않으나 썩 마음에 드는 것도 아니었다. 이럴 때 쓰는 단어가 '그럭저럭'이다. 최선은 나중에 갈고 때우는 작업이 필요 없는 수준을 말한다. 수분 증발 후의 상태를 봐야 하겠지만 후보정 작업이 좀 필요한 수준이었다.

그러나 문제는 다른 데 있었다. 전면 십자가의 하단부였다. 시공팀은 이 부분의 거푸집을 철거하지 않고 남겨 두었다. 아무 생각 없이 여기를 그냥 지나치면서 이것저것 타박하고 시비를 걸곤 했다. 그런데 이 떼지 않은 거푸집 안에 중요한 비밀이 하나 숨어 있었다. 건물 전면에 콘크리트 십자가가 노출되어야 하므로 이건 시작부터 중요한 사안이었다.

문득 이상하다는 생각이 들어 거푸집을 들춰봤다. 감춰둔 이유가 드러났다. 콘크리트가 제대로 다 채워지지 않은 것이었다. 거의 철근이 보일 지경이었다. 건물의 구조적 문제가 생길 상황은 아니지만 허탈한 일이었다. 그래도 꼼꼼한 실무 소장은 바로 구조 점검에 들어갔고 구조 엔지니어에게서 위험 요소는 아니라는 결론을 얻기는 했다. 그러나 결국 콘크리트 면에 약간이 아니고 대대적 후보정이 필요하다는 건 명쾌해졌다.

향연

드디어 큐블록을 쌓을 시점이 되었다. 중요한 과정이다. 현장으로 가서 조적 반장에게 설계 의도와 주의점을 설명했다. 몇 마디 나눠 보니 말 섞기 편한 대상은 아니라는 게 곧 드러났다. 〈문추헌〉의 마라토너와 방향은 다른데 수준은 크게 다르지도 않았다. 문제는 자신감이었다. 자신들이 쌓기로 한 큐블록의 모든 것을 다 알고 있다는 분위기였다. 그런데 큐블록은 시장에 나온 지 얼마 되지 않은 재료인 게 분명했다. 내가 직접 이야기하는 것보다 건설사 현장 대리인을 통해 이야기하는 게 낫다는 판단이 섰다. 이들은 한국식 표현으로 '갑을 관계'이기 때문이다.

조적 공사의 생명은 줄눈이다. 벽돌이든 블록이든 공장에서 만들어 현장에 도착하는 순간까지는 모두 공평하다. 구매 금액에 따라 강도와 질감 차이 정도가 있을 따름이다. 나머지는 모두 쌓는 사람의 몫이다. 그걸 드러내는 것이 바로 줄눈이다. 건축에서 가장 빛나는 금언은 이렇다. 건축은 두 장의 벽돌을 소심스럽게 올려놓는 순간 탄생한다.

그런데 이 조적공들은 블록을 조심스럽게 쌓지 않았다. 그냥 쌓을 따름이었다. 블록 벽은 거칠었다. 그러던 중 심각한 갈등이 불거졌다. 거실의 전면 콘크리트 십자가 위로 공간을 남기고 그 위에 블록을 쌓는다는 게 최종 도면에 그려진 내용이었다. 즉 이 부분은 블록을 위의 슬래브에서 매달아야 하는 것이었다. 도면에 표현된 디자인이었다. 조적공들이 그렇게 할 수 없다고 버티기 시작했다. 도면을 보고 하도급 낙찰받은 게 아니냐고 물었으나 여전히 이야기가 진행되지 않았다. 시공사 최 사장님도 당황스러워하는 건 다르지 않았다.

조적 공사가 다 마무리된 모습.

공사장의 악몽은 작업자가 중간에 그만두는 것이다. 숙련된 작업자가 드물어지면서 점점 작업자의 투정이 강력하게 부각되기 시작했다. 이럴 때 현장 용어가 분위기를 잘 표현한다. 우리에게 익숙한 그 일본어 단어가 이것이다. 곤조(根性). 태생대로라면 '직업 정신'으로 해석되어야 할 단어가 우리 현장에서는 항상 '생떼'에 가까운 의미로 쓰인다.

아무리 작업 방법을 도면으로 그려 설명해도 달라지지 않았다. 못한다. 이제 와 조적팀을 새로 구할 수는 없었다. 디자인을 바꿨다. 큐블록이 십자가 위에 차곡차곡 쌓이는 것이다. 당연히 위에서 철물을 걸어 매다는 것보다는 훨씬 쉬운 작업이다. 말하자면 아무 생각 없이 그냥 쌓을 수 있는 것이다.

물론 디자인 과정에서 검토하고 거쳐 온 방법이었다. 그러나 최종안이 더 나은 것이라고 생각해서 포기한 것이므로 그 사이의 작업들은 허망하게 다 무너져버린 순간이다. 더 무너진 건 건축주의 마음이었다. 큐블록을 십자가 위에 붙여서 쌓기로 결정하자 건축주가 물었다. 그간 집에 대해 별 언급이 없던 남편이었다.

"교수님, 그럼 우리 집은 빛의 향연이 없는 건가요?"

깜짝 놀랐다. 한번도 건축주에게 그런 이야기를 한 기억이 없

었다. 어떻게 빛의 향연을 기대하게 되었을까. 협의는 역시 인터
넷밖에 없었다. 나도 알지 못하는 인터넷의 어딘가에 그런 언질
의 이야기가 있었을지 모른다. 빛의 향연이라는 단어가 들어간
이야기가.

　물론 큐블록을 매다는 방식을 포기할 때 뭔가 대안을 생각하
고는 있었다. 오래 고민하다 선택하지 않은 안이었기에 당연히
가능성은 충분히 있었다. 이 경우 디자인은 바둑과 비슷하다. 대
안의 선택은 그 선택에 따른 다음 수가 고려되어 있는 걸 전제
로 한다. 나도 다른 향연을 염두에 두고 동의했다. 그게 아니라
면 나도 '곤조'를 부렸을 것이다. 그러나 그건 건축주에게 사전
에 설명할 내용은 아니었다.

　"아니, 있을 겁니다. 좀 다른 방식으로 있겠지요."

거실 전면의 큐블록의 상세.

저 구멍으로 들어오는 빛들이
이 집의 영혼이 될 것이다.

김 태 희

블록 공사에서 가장 마음고생을 했을 사람은 현장 관리자였겠다. 그냥 복학생이었으면 겪을 필요가 없는 마음고생이었다. 5월이 되면서 블록 공사가 마무리됐다. 결국 이 또한 지나갔다. 마감 공사가 시작되었다. 거실 전면의 마당은 콘크리트로 마감될 것이었다. 거실처럼 정사각형 격자로 구획된 콘크리트다. 이 집은 모든 것이 사각형이어야 한다. 특히 정사각형.

그 마당 격자의 한 칸은 콘크리트가 채워지지 않고 남아 있었다. 다시 건축주로부터 질문이 왔다.

"교수님, 혹시 거기 나무 심으실 건가요?"

그럴 예정이라고 했더니 다시 질문이 왔다.

"그 나무 저희가 고르면 안 될까요?"

조건을 달았다. 수종은 단풍이어야 한다. 단풍은 내가 좋아하는 나무다. 우산처럼 옆으로 가지가 퍼지면서 넉넉한 느낌을 준다. 그리고 가장 중요한 것, 말 그대로 단풍이 든다. 계절의 변화를 온몸으로 이야기하는 나무다. 조용히 있다가 잎을 떨구는 그런 나무가 아니다.

나무가 아니고 목재가 되어서도 특징이 있다. 겉보기와 다르게 무지하게 단단하다. 손으로 들어 보면 쇠 무게다. 그래서 육중한 쇳덩이를 내던지는 역도 경기장 바닥은 단풍나무를 깔아야 한다. 색깔도 뽀얗게 우아한데 심재라고 부르는 나무 중심의 검은 부분도 아주 얇아 색채 신뢰도도 높다. 깔아 놓으면 체육관을 비추는 중계방송 카메라의 배경 화질이 화사해진다. 성격이 뚜렷한 나무인 것이다.

수종 외에 다른 조건을 이야기했다. 작은아들과 같은 키의 나무를 골라 주세요. 이건 개인적인 경험 때문이다. 내가 태어난 해에 부친은 집 마당에 포도나무를 심으셨다. 나는 내내 그게 이유 없이 자랑스러웠다. 심지어 이사할 때도 그 나무는 함께 이동했다. 그래서 나는 막내가 자신의 마음을 나무에 투영하고 커 갔으면 했다.

조건이 하나 더 남아 있다. 모든 나무는 다 다르게 생겼다. 말하자면 나무의 모양, 수형(樹型)이 있다. 공평하게 눈코입이 다 있는데 누구는 미인 소리를 듣고 그 사실만으로 평생 직업을 얻어 산다. 이건 오로지 비례의 문제다. 우리 시대에 미인의 호칭으로 통용되는 인명이 하나 있다. 즉 나무에도 김태희가 있다. 그래서, 나무 김태희를 찾으시라.

"나무 농장에 가서 단풍나무를 고르되 직각 방향 양쪽에서 사진을 찍어 보내주세요. 제가 동의하는 그 나무를 사서 심으면 됩니다."

거의 반나절 계속 핸드폰으로 사진이 들어왔다. 조건에 딱 맞는 단풍나무를 찾기 쉬울 리가 없었다. 그러던 중 등장했다. 드디어 김태희다. 수종으로는 단풍 하고도 공작단풍이다. 절규하듯 새빨간색 옷을 입지는 않았다. 그러나 이렇게 살짝 가라앉은 색도 문제는 아니다. 중요한 건 김태희라는 것이다. 키도 맞고. 그래서 입양 와서 자리 잡은 이 공작단풍은 나무치고는 드물게 이름을 얻었다. 김태희.

한참 마감 공사가 진행 중인데 마당에 이미 자리를 잡은 김태희.

블랙

내부 마감 단계에 이르자 건축주의 기대감이 점점 커졌다. 다음은 거실등을 자신들이 고르면 안 되겠느냐는 요청이 들어왔다. 이 역시 내가 고집할 일은 아니었고 여전히 조건을 걸었다. 이 집은 천장이 아주 높으므로 거실등은 길게 내려 거는 게 옳았다. 나는 유럽 성당 천장에서 까마득하게 내려 매단 팬던트등을 아주 좋아한다. 그렇게까지 천장이 높은 건 아니지만 공간을 제대로 살려 주려면 꼭 길게 매달린 팬던트등이 자리 잡아야 했다. 배선 위치도 그렇게 지정되어 있다.

건축주는 두 장의 사진을 보냈다. 상당히 다른 모양의 팬던트 두 개였다. 도형으로 보면 각기 동그라미와 네모다. 당연히 네모가 이 집에 꼭 맞는 모습이었다. 여러 개의 램프가 모여 사각형을 이루는 것이었다. 좀 더 찾아보라고 할 이유가 없었다. 주저 없이 사각형 램프에 동의했다. 이 집은 네모난 집이다.

이때쯤 되니 건축주 가족이 건축 재료 상점가로 거의 매일 출근하는 게 아닌지 생각이 들기 시작했다. 그런데 이 부부가 지닌 아주 독특한 미감이 하나 있었다. 이건 처음에 만났을 때부터 실토, 강조한 내용이기도 했다. 무채색, 특히 검은색에 대한 호감이었다. 검은색이 아니어도 하여간 무채색이어야 한다. 사실 호감이라는 단어를 훨씬 넘는 선호의 표현이었다. 그래서 설계안 설명에서 노출 콘크리트에 블록 마감이라고 했을 때 아주 좋아했었다.

그런 배경에서 신기한 제안이 잇달아 들어왔다. 제일 큰 건 부엌 가구였다. 나는 부엌 가구의 선정에서는 고집을 부릴 생각이 원래 없었다. 바로크 장식만 들어가지 않으면 어지간하면 동의할 수 있었다. 그런데 이번 건축주는 좀 더 독특했다. 검은색 부엌 가구를 원했다. 살짝 걱정이 되었다. 이유는 간단했다. 내가 한 번도 써 보지 않은 색이었기 때문이다. 그러나 이건 사용자의 선택이 최우선권을 갖는다. 검은색 부엌 가구를 이런 때 아니면 어디서 구경하랴.

까만 부엌 가구가 들어왔다. 깜짝 놀랄 지경이었다. 부엌이 아주 기품 있는 공간이 되어 있었다. 부엌 가구에 맞춰 식탁도 새까만 것이 선택되었다. 거실의 바닥에는 회색 타일을 깔았으나 가족실에는 검은색 마루를 원한 것도 건축주였다. 역시 품위 있는 모습이었다.

드디어 블랙 코디네이션의 정점 순간이 왔다. 거실 옆에는 아들들이 쓰는 방이 있다. 그 방 앞에 공용 화장실이 있는데 손 씻는 세면대가 복도에 노출되어 있다. 잊지 말아야 할 것은 아들은 만들어지는 게 아니고 태어나는 것이다. 일단 안 씻고 뛰어다닌다. 이 배치는 아들들이 들락거릴 때 손을 자주 씻으라는 건축가의 공간적 잔소리기도 하다.

"이 녀석들, 손 씻고 들어가야지!"

건축주가 논현동 건축 재료상에서 검은색 수도꼭지를 찾아내고 눈을 뗄 수가 없었다고 표현했다. 신기한 취향이었다. 건축주는 이 검은색 수도꼭지를 달고 싶어 했다. 세면대가 검은색이어야 하는 것은 물론이다. 당연히 그 선택에 동의했다.

검은색 부엌 가구의 시공 중 모습.　　　　검은색 세면대와 수전.

줄눈

화장실 공사는 내가 가장 조심하고 경계하는 부분이다. 대개 한국에서 화장실 내부에는 타일을 붙인다. 일제 강점기를 거치면서 한국 주거의 적지 않은 부분이 바뀌었다. 대표적인 게 댓돌이 현관으로 바뀐 것이다. 화장실에 타일을 까는 것도 결국 그 시대의 흔적일 것이다. 그런데 바로 여기서 두 나라 시공자들의 모습이 갈라진다. 화장실에서 그 국가의 시공 수준이 깔끔하게 드러난다. 과연 타일의 줄눈을 어떻게 맞추느냐.

직업병일 수 있는데, 화장실에 가면 내 눈에는 줄눈이 들어온다. 보려고 하는 게 아닌데 알아서 눈에 들어온다. 나는 설계한 건물 화장실의 타일 줄눈이 맞지 않으면 분해서 잠을 잘 못 자는 성격이다.

이 줄눈을 필사적으로 맞춰 내는 건 일본 사람들이다. 일본 여행을 가 보면 열도의 남쪽 끝부터 최북단까지 모든 화장실의 줄눈이 정교하게 맞춰져 있다. 그렇게 된 이유는 알 수 없다. 이걸 대강 맞추면 칼 차고 다니던 사무라이들에 의해 인생의 종료를 맛보게 되었다는 정황 설명이 있다. 나는 이 설명이 그럴듯하다고 생각한다.

그런데 우리는 특별히 신경 써서 짓는다는 호텔 화장실의 줄눈조차 대개 안 맞는다. 비싸게 돌로 마감하면 맞추기가 쉬워지는데 그런 경우에도 줄눈은 안 맞는 사례가 태반이다. 아무리 도면에 맞춰 그려도 현장에서는 대개 무시한다. 줄눈을 맞추려면 타일을 작은 걸 써야 하는데 이게 좀 성가시고 품삯이 더 들 수는 있다. 사실 그 차이는 건물 전체 시공비에 비하면 참으로 하찮다. 그러나 그것이 드러내는 건물의 완성도는 천지 차이다. 특별히 더 필요한 건 좀 더 꼼꼼하게 작업하는 것이다. 나는 그것이 작업자가 스스로 투영해 내는 작업관이라고 믿는다. 자신이 자신의 인생을 어떻게 대하는지를 드러내는 것이고. 그래서 나는 타일공의 인생관은 붙여 놓은 타일에 표현되어 있다고 생각한다.

화장실 타일 공사를 시작한다고 해서 서둘러 현장으로 갔더니 익숙한 얼굴이 등장했다. 이전에 큐블록을 툴툴거리며 쌓던 조적 반장이 다시 등장한 것이다. 뭔가 이상했다. 사연을 물으니

자신은 원래 타일공이라는 대답이었다. 그러
다가 조적 공사를 해 본 것이라는 실토다. 기
분이 아주 안 좋아졌다. 어찌 되었든, 다른 건
다 좋은데 줄눈 맞추는 건 조심해서 마무리
해 달라고 요청했다.

6월 7일이었다. 기억해야 할 날로 남았다.
〈담류헌〉 공사에서 이전 조적공이었되 이번
에는 타일공이 된 남자가 화장실에 남긴 인
생관을 확인한 날이었기 때문이다. 어떤 문장
으로도 표현할 수 없었다. 굳이 또 말을 섞을

6월 7일의 현장.

필요는 없었다. 재시공을 요구하고 현장을 나왔다. 찍은 사진을
페이스북에 올렸다. 더욱 놀라운 일이 벌어졌다. 적지 않은 답글
의 내용이 여기서 뭐가 잘못되었는지 모르는 것이었다. 말하자
면 이게 보이지도 않고 느껴지지도 않는 것이다. 타일공을 탓할
필요가 없는 사회였다. 우리가 그런 미감의 사회에 살고 있다고
새삼 깨닫게 되었다. 나도 이 속세에서 마음을 다스려야 할 때도
있다는 걸 안다.

이 현장에서 건축가가 화를 식히고 있는 사이에 생각지도 못
한 곳에서 다른 사람이 화를 내고 있었다. 〈담류헌〉의 앞뿐 아니
고 뒤에도 필지가 있었다. 거기서 보면 이 네모반듯한 건물이 전
면을 꽉 채우고 들어선 것이다. 물론 뒷필지는 덩치가 좀 커서

확보하는 마당도 좀 여유가 있었다. 어찌 되었든 그들 입장에서 보면 이 건물은 끔찍한 벽이었다.

그들이 느끼는 끔찍함은 민원으로 표현되었다. 자신들 마당을 향한 거실 창을 막으라고 요구한 것이다. 이런 민원은 대개 타협의 길이 없다. 막는 수밖에 없다. 그쪽 마당이 내다보이지 않는다는 이야기는 통하지 않았다. 결국 통풍이 되는 수준만 남기고 창이 막혔다.

더 좌절한 것은 건축주였다. 물리적인 벽 때문이 아니고 심리적으로 막힌 벽 탓이었다. 자신들의 전면을 막은 앞집에 대해 건축주가 불만을 이야기한 적은 없었다. 어차피 이렇게 생긴 필지에서 앞집은 뒷집의 부담이 될 수밖에 없으니 달리 어쩔 수도 없었다. 그런데 이사도 오기 전부터 대면도 하기 싫어하는 불쾌한 이웃이 뒷필지에 생겨버린 것이다.

뒷집을 가리고 선 앞집.

임기

노들섬의 총괄 계획가로 임명되었을 때 서울시장 명의의 임명장을 받았다. 뭐에 쓸 것인지는 모르겠으나 하여간 임명장이라고 쓰인 문서가 우편으로 왔다. 거기에 임기란이 있는데 시작 일자는 있되 종료 일자는 비어 있었다. 적지 않은 사람들이 노들섬 사업에 언제까지 관여하는 것이냐고 물었다. 그때마다 나는 노들섬에 공적비를 세워 줄 때까지라고 대답하고는 했다.

〈담류헌〉 시공 기간에 노들섬 운영자가 결정되었다. 두 차례에 걸친 공모를 통한 선발이었다. 서울시 실무팀은 내심 대기업이 선정되기를 기대하고 있었다. 그렇게 되면 신경 쓸 일이 줄어들고 안정적으로 사업이 진행될 거라는 생각이었다. 이해가 되는 입장이었다. 그러나 심사위원들은 건축학과 교수가 여러 조직을 모아 지원한 팀을 당선시켰다. 어찌 보면 급조한 오합지졸일 수 있었다. 대장이 박쥐인 오합지졸이겠다. 심사위원들은 경험과 자본보다 에너지가 필요한 사업이라고 판단했다.

당선된 운영팀은 대중음악을 바탕으로 하는 문화섬을 제안했다. 오페라나 클래식 콘서트보다는 확실히 대중적 친밀도가 있는 제안이었다. 궁금한 건 노들섬 서쪽으로 한강 철교가 있어서 생기는 문제를 어떻게 해결할 것인가였다. 그곳에선 온갖 기차가 쉬지도 않고 덜컹거린다. 이전 〈한강예술섬〉 설계에서도 철교의 소음 차단이 큰 숙제였다고 들었다. 그런데 거기서, 기차 소리가 장황한 야외에서 음악을 한다는 게 가능한지 궁금했다. 답신은 명료했다.

"저희는 홍대 앞 길거리에서 공연합니다."

운영 당선팀이 필요한 공간을 정리했고 그걸 바탕으로 건축 설계 공모전이 열렸다. 내가 총괄 계획가가 된 후 노들섬에 관한 세 번째 공모전이었다. 52개의 건축 제안이 접수되었고 당선작이 결정되었다. 당선안을 낸 건 미국에서 한국으로 귀국을 할지 말지 고민하고 있던 젊은 건축가들 몇 명의 조직이었다. 이 역시 급조되었고 또한 어찌 보면 오합지졸이었다. 그러나 심사위원들은 유연한 접근 방식의 가치를 높게 샀다. 당선자들은 이후에 여기저기

다른 공모전에서도 당선 이름을 올려 자신들의 능력을 과시했다. 심사위원들은 선구안을 갖고 있었다. 노들섬의 건축가가 선정되었다는 것은 사업이 일상적인 궤도에 올랐다는 걸 의미했다. 총괄 계획가가 뭘 더 계획할 것이 없었다. 아무리 기다려도 노들섬에 내 이름의 공적비가 설 것 같지도 않았다. 마무리의 시기였다.

거의 같은 시기에 〈담류헌〉도 마무리가 되었다. 실무 작업팀과 대학원생들이 현판을 레이저 가공해서 잘 보이는 곳에 붙였다. 뒷집은 앞집의 차면 시설로 분이 안 풀렸는지 별도의 담장을 또 쌓았다. 물리적 벽만큼 심리적 벽이 더 높아진 것이었다. 건축주의 걱정이 쌓였다. 그러나 그건 어찌 해결할 수 있는 문제는 아니었다. 세상은 서로 다른 입장을 가진 사람들이 사는 공간이다. 모두 그 입장 안에서 합리적으로 판단할 따름이다.

때가 되었다. 14개월이 지난 초여름, 건축주가 입주했다. 나는 카메라를 들고 가서 준공 사진 몇 장을 찍었다. 여기서도 내가 할 일은 끝난 것이다. 그렇게 여름이 다 지날 즈음 건축주의 또 다른 질문이 왔다. 전에 한 번 등장했던 문장이었다. 또 남편이었다.

"저희 집은 빛의 향연이 없는 건가요?"

나는 가을을 좀 기다려 보자고만 대답했다. 아직 때가 무르익지 않았다.

전면 도로에서 보이는
건물 전경.

현관으로 들어서기 직전의 건물 모습.
모두 정사각형의 조합이다.
그래서 십자가가 훨씬 더 부각된다.

우수 홈통은 큐블록을 잘라서 위치를 지정했다.

옥상에 올라가는 사다리도 필요하다.
정사각형이 주제인 이 집에서 이 사각형들은
결국 사다리로 활용된다.

전면 마당에서 보는 건물의 낮과 밤.

마당은 거실의 연장 공간이어야 한다. 오른쪽에 김태희가 살짝 보인다.

현관 모습.
이 집의 모든 것은 정사각형의 조합이다.

거실에 들어서서 보이는 모습.

2층에서 내려다 본 거실 부분.
왼쪽에 큐블록 벽체가 보인다.

거실에서 올려다본 천장.
건물 외관을 이루는 큐블록 정사각형의
재현이면서 중앙을 가로지르는 것은
역시 건물 전면에 있던 십자가의 변주다.
전면의 것은 그리스형,
거실의 것은 로마형.

손 씻고 들어가라는
잔소리를 담은 아들 방 전면 공간.
전부 무채색이다.

향연

추후 작업이 필요한 부분이 여기저기 있었다. 모두 막상 생활하려면 불편해지는 사안들이고 입주 후 고치려면 성가신 일들이다. 보수가 필요한 일이니 나도 파주를 몇 번이고 다시 다녀왔다. 물론 대개 건설사에서 책임질 일이기는 하다. 그러나 세상이 그렇게 도식적일 수는 없다. 진단을 하는 데 설계자의 의견이 필요했다. 당연하다. 어찌 되었든 그도 다 마무리되었다.

뭘 하든 시간은 간다. 국방부 시계도 간다는데. 그래서 마당의 김태희가 잎의 색으로 가을을 알릴 무렵이 되었을 것이다. 태양 고도가 낮아지는 시간이다. 그러다가 어느 순간 집 내부에 직사광선이 들어오기 시작했을 것이다. 큐블록의 수많은 구멍은 그만큼의 작은 알갱이들로 빛을 나눠 들여오는 통로다. 거실에 그

빛의 알갱이들이 들어차게 될 것이었다. 태양을 따라 움직이는 빛의 조각들이다. 연락이 왔다. 역시 남편이었다.

"교수님, 빛의 향연이 시작되었습니다."

건축주가 사진을 찍어 페이스북에 올렸다. 집이 아니고 예술 작품 안에 들어와서 살고 있는 느낌이라고 했다. 건축주가 기대했던 그 집이 완성된 것이었다. 그런데 아직 내가 생각한 향연은 아니었다.

중세 유럽 성당의 스테인드글라스는 색유리가 만들어 내는 비물질적이고 화려한 성취다. 빛을 통한 신의 찬미다. 나는 전면의 콘크리트 십자가와 같은 직설적인 이야기보다 좀 더 내밀한 방식의 표현을 선호한다. 무채색의 묵상 끝에 펼쳐지는, 조용하되 화려한 빛의 체현.

이 주택에서 스테인드글라스의 수공업 제작 과정을 거칠 수는 없었다. 그런 건 인부가 아니라 예술가가 해 줘야 할 일이었다. 이 집에서 기대하기 어려운 투자다. 결국 준공 이후에 내가 직접 작업해야 할 일이다. 스테인드글라스처럼 색유리를 오려 납으로 붙이는 과정은 아니었다. 예술 작업은 아니지만 좀 더 과학적 지식이 필요한 작업이었다.

빛의 향연이라는 건축주의 연락이 올 무렵에 나는 반사판 실험을 하고 있었다. 자연광을 비췄을 때 이 빛이 원색으로 다시 바뀌는 장치다. 내게는 스테인드글라스의 직사 투사광선이 아니라 반사광선이 필요했다. 가시광선을 원색의 반사광선으로 걸러내는 과정은 생각보다 좀 복잡했다. 결국 간단한 도구를 만드는 데 성공하기는 했다. 집을 이루는 구조물처럼 내구성이 높지는 않지만 향연을 만들기에는 충분했다. 다시 가서 거실 전면의 큐블록 여기저기에 반사판을 설치했다. 밖에서는 보이지 않았다. 그 빛의 삼원색이 만들 패턴은 충분히 연구를 해 둔 상태였다. 하필 날이 흐려서 설치한 날 바로 결과를 확인하지는 못했다.

곧 연락이 왔다. 진정 빛의 향연이 시작되었다는. 다시 가서 사진을 찍었다. 조용하지만 화려한 향연이었다. 자신의 건물을 가리켜 빛이 없으면 나방, 빛이 들면 나비가 된다고 표현한 건축가가 있었다. 〈담류헌〉에도 가을빛이 들면 화려한 공간의 향연이 펼쳐진다. 이번에는 내가 기대한 그 집이 완성된 것이다. 즐거운 담화에 이어지는 조용한 묵상, 그 배경에 펼쳐지는 조용하지만 찬란한 향연, 그걸 모두 담아내는 검박한 집.

큐블록으로 분할된 빛이 들어오기 시작한 모습.

빛의 향연.

시장

해가 바뀌었을 때 연구년이 끝나고 나는 다시 강의를 시작했다. 그런데 씩씩하게 현장 관리자로 잠시 바뀌었던 복학 예정생은 어찌 되었을까. 그는 예정대로 복학했고 우리 설계반에서 졸업 설계를 마쳤다. 그런데 졸업 후 바로 건축 설계의 길을 선택하지 않았다. 그는 현장을 좀 더 알아야겠다면서 다른 시공 회사에 취업했다.

다시 건축주의 호출이 있었다. 정확히 말하자면 초대였다. 〈담류헌〉 앞길에서 동네 사람들이 벼룩시장을 여는데 구경 오라는 것이었다. 가 보니 건축주는 골목대장으로 돌아가 있었다. 집집마다 죄 좌판을 펴 놓고 뭔가를 팔고 있었다. 내가 보기에는 창고와 선반에서 묵히던 잡동사니들이었다. 근처 마트에서 사온

구이와 꼬치들이 냄새를 풍기며 익고 있었다. 가격으로 치면 관광지 한철 장사의 가격표를 방불케 했다. 파는 사람, 사는 사람 모두 그 골목 사람들이었다. 자기들 물건을 서로 팔아주는 것이었다. 나는 호객에 말려든 관광객 아닌가 싶었다. 유행어로 치면 '호갱'이랄까. 하여간 이건 시장 경제 원리에 하나도 맞지 않는 시장이었다. 보아하니 판매자와 구매자 모두 골목대장과 졸개들이라고 해야 하는 게 아닌가 싶었다. 사실은 골목 사람들 모두 골목대장이라고 해야 옳을 일이기도 했다. 그 짧은 시간에 이처럼 친화력 있는 이웃이 형성된 것이 신기했다.

〈담류헌〉에 들어서니 현관에는 동네 아이들 신발이 수북했다. 아예 신발들이 현관 밖으로 넘쳐나고 있었다. 수요와 공급이 하나도 맞지 않는 이상한 좌판이 밖에서 펼쳐지는 동안 동네 아이들은 〈담류헌〉 가족실에 모여 넋을 놓고 만화 영화를 보고 있었다. 내가 가기만 하면 강아지처럼 반겨주던 막내도 이날은 만화 영화에 푹 빠져 있었다. 건축주가 처음에 꿈꾸었던 그 집이 과연 이루어진 것이었다.

담을 쌓았던 뒷집이 궁금해졌다. 기본적으로 이웃이 되기 위한 제일 좋은 고리는 아이들이다. 자녀들 나이가 유사하면 금방 말이 트이고 친해진다. 그런데 뒷집은 연령대가 꽤 높았다. 연령과 가족 구성을 근거로 한 공감대가 쉽게 생길 것 같지는 않았다. 건축주는 씩 웃었다.

"에이, 아직도 그렇게 살면 안 되죠."

그동안 벌어진 사연과 지금 상황을 더 묻지는 않았다. 그래도 마음은 좀 편해졌다.

"그런데 이걸 팔아서 생긴 돈은 어디다 쓰나요?"

이건 좌판 앞의 내 질문이었다. 골목대장의 얼굴이 더 환해졌다.

"저희 그 돈으로 저녁에 다 모여서 맥주 마실 거예요. 오시겠어요?"

현관 밖에 넘쳐나는 신발들.

그래서 〈담류헌〉에 넘쳐날 대화들.

'담류(談流)'는 저 신발들처럼
두서없는 것이다.

건원재

동그란 하늘의 계측

"저건 무덤 자리 같은데요?"

듣고 보니 맞는 말이었다.

이미 대지 좌우편에 무덤이 하나씩 자리를 잡고 있기도 했다.

무덤으로 이루어진 좌청룡 우백호의 땅이었다.

이문

〈헬리오시티(Heliocity)〉. 무지막지한 규모의 〈가락시영아파트 재건축 사업〉이 나중에 준공되어 얻은 이름이다. 이런 경우 대개 작명은 내 담당이다. 나는 박쥐로서 저자이기도 하므로. 그런데 이번에는 세 명의 총괄 계획가 중 가장 적극적으로 작업한 분의 제안이었다. 처음 제안한 이름은 '헬리오폴리스(Heliopolis)'였다. 한글로 번역하면 '태양의 도시'가 되는 그리스어의 조합이다. 워낙 빽빽한 단지였지만 조망, 일조, 환기가 충분해서 잘 어울리는 이름이었다.

결정된 단지 이름은 첫 제안과 유사하면서 다른 〈헬리오시티〉였다. 왜 바뀌었는지는 모른다. 우리가 사업을 떠난 뒤 벌어진 일이기 때문이다. '헬리오'는 그리스어다. '폴리스'는 그리스어지만 '시티'는 라틴어에 뿌리를 두고 있다. 나는 어원의 통일성 여부를 넘어 '헬리오폴리스'의 육중한 느낌이 더 마음에 든다. 준공된 건물군을 보면 특별히 더 그렇다.

주위에서 궁금해했다. 신기하게 궁금해하는 주제가 거의 다 비슷했다. 보수로 얼마를 받았느냐. 천문학적 비용의 사업인데 절약해 준 사업비가 도대체 얼마냐. 반대급부로 아파트 한 채씩은 받은 거겠지.

그러나 총괄 계획가로서 세 사람이 서울시로부터 받은 보수는 강의료 수준이었다. 그리고 실무 설계 회사의 임원이 건설 사업 준공 후에 기념패를 선물해 준 게 다였다. 가까운 이들은 농담하지 말라고들 했다. 계좌를 추적해 봐야 실토하겠느냐는 우스개 위협도 있었다. 그러나 공공 건축가는 말 그대로 공공의 이익을 위해서 일하라고 마련된 제도였다. 우리는 그 구성원이었다. 끝까지 남는 것은 그 사업에 참여했다는 자부심 정도일 것이다.

우리의 작업은 건설 사업 준공 전에 마무리되었다. 총괄 계획가들의 작업이 마무리되었다는 것은 서울시 건축위원회 심의를 통과했다는 뜻이었다. 이 고비를 넘지 못해 지지부진하던 사업이었다. 그래서 서울시의 정책이 확연해졌다. 지체 중이거나 신규 발주 예정인 재건축, 재개발 사업에는 공공 건축가를 총괄 계획가로 투입하는 것으로.

내게도 새로운 작업이 배정되었다. 사업명은 〈이문1지구 재정비 촉진 사업〉이었다. 조합원 수가 1,785명이었다. 사업 대지 면적이 14만 5천 제곱미터니 알기 쉽게 환산하면 약 4만 3,800평이었다. 역시 엄청난 규모였다. 이 또한 사업 진행이 지지부진한 상황이었다. 이번에는 단독 지정이었다.

현장에 가 보니 내가 아직 모르는 서울이 많다는 느낌이 확연히 들었다. 대상지는 유서 깊은 땅이었다. 청계천 복개 공사 당시 추방된 이주민 정착촌이었다. 반세기 남짓한 이전의 슬픈 사연이었다. 당황스러웠다. 나는 서울에서 국제적 기준으로 보는 슬럼은 모두 소멸되었다고 믿고 있었다. 강남의 구룡마을 정도가 남아 있을 텐데 그것도 국제 기준보다는 수준이 높다고 생각하고 있었다. 여기도 슬럼 수준은 넘지만 곳곳에서 집 밖의 공동 변소를 사용하는 동네였다. 소설 속의 문장으로나 남아 있을 것 같은 곳이었다.

변해야만 하는 장소였다. 조합원들은 모두 노년층이었고 어서 빨리 철거하라고 고함을 치고 있었다. 서울시에서도 서둘러 진행해야 할 사업이라고 판단하고 있었다. 그런데 사업이 진행되지 않는 것은 사업성의 문제였다. 그래서 서울시에서 용적률을 상향 조정해 주었다. 그리고 사업 후 반대급부로 공적 공간으로 내줘야 하는 기부 채납 비율도 낮춰 준 상태였다. 그래도 사업은 진행되지 않았다.

사업 부지가 지닌 오묘한 조건 때문이었다. 용적률이 아니라 대지 밖의 규제가 사업의 발목을 잡고 있었다. 경사진 사업 대지와 능선을 맞댄 반대쪽에 음침하게 생긴 건물이 있다. 이전에 중앙정보부가 쓰던 것이었다. 지금은 한국예술종합학교가 그 건물을 사용하고 있다. 그런데 사업 지체의 원인은 학생들이 머리띠를 두르고 반대해서가 아니었다.

그 너머에 의릉이 있었다. 세계문화유산으로 등재된 늠름한 유적이다. 경계로부터 일정하게 높아지는 단면선을 그어 건물이 그 높이를 넘어가지 못하게 되어 있었다. 의릉에서 보았을 때 숲 너머로 건물이 보이면 안 된다는 의미다. 문화재의 앙각 높이 규제다. 그러니 용적률을 풀어준들 별 의미가 없었다. 풀어야 할 문제가 뭔지 확실했다. 묘수풀이를 요구하는 땅이었다. 기존의 설계 회사가 냈던 계획안을 다 검토하니 고민의 흔적이 역력했다. 문제는 너무 오래 그 고민에 빠져서 무엇이 문제인지 잊어버릴 정도였다는 것이다.

답은 간단하게 나왔다. 의릉 쪽 능선을 중심으로 아파트를 부채꼴 모양으로 배치했다. 아파트 간격이 넓어질수록 건물을 높인다. 그 높이가 의릉으로부터 그은 앙각선과 딱 맞는다. 용적률을 다 이용할 수 있었다. 남는 것은 정리다. 2,910세대의 계획안이 나왔다. 소형 아파트를 많이 넣을수록 기존 조합원의 재정착률이 높아진다. 재정착률을 예측할 수는 없지만 면적 60제곱미

터 이하의 소형 주택 비율이 66퍼센트에 이르니 만족할 만한 수
치였다. 그 계획 작업에서도 내 역할이 막바지에 이르렀을 때였
다. 이번에는 전직 마라토너인 벽돌공이 아니라 전직 축구 선수
인 은행원이 등장하는 순간이다.

〈이문1지구 재정비 촉진 사업〉의 배치 계획.

택지

은행에 축구단들이 있던 시기가 있었다. 프로 구단이 생기기 전이고 실업 축구단이라고 표현했다. 그래서 축구 선수들이 대학 졸업 후 은행에 들어갔다. 건축주도 그런 선수들 중의 하나였다.

그는 축구 선수로서 은행에서는 인생의 다음 단계가 잘 보이지 않았다고 한다. 다음이 놀랍다. 그래서 시험을 보고 그 은행의 사무직으로 전환했다. 이 정도만 되어도 범상한 사람일 수 없었다. 그는 벽돌공 마라토너보다 멀리 달렸고 은행원으로서 충분히 오를 만한 위치에도 올랐다. 그리고 은퇴를 저울질할 나이가 되어 공주에 땅을 산 것이다.

개천절 오전에 부부가 학교로 찾아왔다. 집은 서울이다. 그런데 공주 지점에 근무하다 보니 공주가 좋아졌고 곧 은퇴하면 그

동네에서 살 생각이었다. 남편이 낙향하거나 귀촌하겠다고 하면 아내는 종이 한 장을 내밀고 도장을 찍으라 요구한다는 게 한국의 속설이다. 혼자 가서 알아서 살라고. 그런데 축구 선수의 아내는 본인을 집순이라 표현했다. 서울에서도 집에서만 있으므로 공주에 간들 달라질 것이 없다는 이야기였다. 금슬이 좋은 부부였고 두 사람 다 이야기 내내 웃는 얼굴이었다. 이게 중요하다. 그 나이가 되면 결국 자신의 인생사나 인생관을 얼굴에 써 붙이고 다닌다는 게 중론이다. 그래서 자신의 얼굴에 책임을 져야 한다고.

아들이 하나 있는데 다른 지역의 치의전원에 다닌다. 집에는 가끔 올 따름이고 졸업하면 장가갈 것이니 크게 고려할 대상은 아니라고 했다. 그래서 방은 두 개 정도면 될 것이고 집은 작을수록 좋다. 약 25평 정도면 충분하지 않을까 생각한다. 그리고 아주 검소한 집이었으면 좋겠다. 여기까지였다. 나머지는 알아서 해 주세요.

일단 땅 구경을 하기로 했다. 사진으로 보면 어디서나 보이는 익숙한 풍경이었다. 가 보니 공주 시내가 아니고 한참 외곽이었다. 좀 당황스러웠다. 땅의 위치가 아니고 형상 때문이었다. 숲이 우거진 언덕 한 부분을 이미 잘라 놓은 것이다. 원래 이 자리에는 말 그대로 쓰러져 가는 석면 골판지붕을 얹은 농가 주택이 있었다. 건축주는 새집을 지을 생각으로 폐가를 철거했다. 문제는 대지를 말끔히 정리해 버린 것이었다. 포크레인이 한 바퀴 돌고 나간 모양이었다. 멀리서 보면 산 아래가 삽으로 파낸 듯 움푹했다.

한국에서 집을 짓는다고 하면 가장 일반적으로 그리는 땅의 모습은 평평하고 네모난 것이다. 자연 경사면을 다 절개해서 평면으로 썰고 콘크리트 구조물로 옹벽 세운 땅들을 분양한다는 문장을 명사로 고치면 '전원주택 택지 개발'이다. 그래서 전원주택 택지를 분양한다는 교외의 풍경은 전원이 아니고 인공 절벽 집합지다. 분명 토목 공사비가 많이 들고 단지가 흉악해지는 방법이다. 돈 들이고 흉측해지는 방안을 선택하는 이유는 그 선입견 때문일 것이다. 대지는 평평하고 네모반듯해야 한다는.

건축학 교과서에서는 경사지에 건물을 설계할 때 경사를 충분히 잘 고려해 이용하라고 쓰여 있다. 나도 그렇게 가르친다. 그럼에도 신기하게 한국에서 집 지을 땅에 대한 대중적 선입견은 대개 일정하다. 그것은 평면이 절대 가치를 갖는 논농사의 영향과 문화 때문이라고 해설한 사람도 있었다. 어찌 되었든 이 땅도 단독 주택 필지지만 썰어 놓은 땅이었다. 집을 짓고 나면 아무도 선후 관계를 모를 것이다. 어쩌면 건축과 교수라는 자가 앞서서 자연을 훼손했다고 소문이 날지도 모를 일이었다. 억울할 일이었다.

이전에 있던 건물.

평지로 정리를 시작한 대지.

대지에서 내려다 본 풍경. 일상적인 농촌 풍경이 보인다.

무덤

그의 성격은 화끈했다. 어쩌면 급하거나 단호한 것의 중간 어디쯤에 있는 것으로 표현해야 할지도 모르겠고. 건축주는 다른 사안에서도 그 성격을 표현했다. 나를 만나기 전에 시공할 사람부터 정해 놓은 상태였다. '김 사장님'이라고 했다. 직업 구분으로 하면 목수다. 톱과 대패, 그리고 유장한 충청도 사투리로 무장한 김 사장님을 만났다.

"안녕하셔유?"

시공자가 먼저 결정되면 좋은 점이 있다. 설계 과정에서 시공자의 의견을 충분히 고려할 수 있다는 점이다. 내 입장에서는 현장의 상황을 직접, 절실하게 들을 수 있는 좋은 기회다. 나는 사실 이런 건축 기회를 더 좋아한다. 배울 게 많다.

건축주가 저렴하고 수수한 주택을 요청했으므로 이를 맞추려면 시공자와 미리 조율해 나가야 한다. 이때 중요한 건 역시 신뢰 구도다. 건축주, 건축가, 시공자 사이에 믿음이 있어야 가능한 방식이다. 특히 건축주와 시공자 사이의 신뢰가 중요하다.

이런 소규모 건물의 가장 저렴한 구조 방식은 내가 알기로는 경량 목조다. 목조 벽체가 구조체가 되는 것이다. 문제는 시공 경험이 좀 있어야 한다는 것이다. 김 사장님에게 경량 목조 주택 경험을 물었다. 돌아온 답은 자신의 전문 분야라는 것이었다. 살짝 어느 정도의 전문성인지 의구심도 있었지만 일단 시공을 쉽게 설계하면 큰 무리는 없겠다는 생각이 들었다.

시공자가 결정되면 기본적인 도면으로도 작업이 가능하다. 역시 대학원생들과 함께 작업을 시작하기로 했다. 그러려면 학생들도 집이 올라갈 땅이 어떻게 생겼는지 봐야 한다. 그래서 학생들을 차에 태우고 다시 현장에 갔다. 멀리 대지가 막 보이기 시작한 지점에서였다. 저기 나무를 걷어 낸 땅이 건물 올라갈 땅이라고 하니 학생 한 명이 한마디 했다.

"저건 무덤 자리 같은데요?"

들고 보니 맞는 말이었다. 그리고 대지 좌우편에 이미 무덤이 하나씩 자리를 잡고 있기도 했다. 무덤으로 이루어진 좌청룡 우백호의 땅이었다. 이때 동반한 대학원생들은 결국 도면 작성부터 준공 후 사진 촬영까지 모두 다 체험하게 되었다. 이런 경험을 공유하면 사제 관계가 아니라 전우 관계에 들어선다.

맥주

건축주는 그냥 알아서 설계를 해 달라고 했다. 그런데 뭘 알아야 알아서 설계를 하지. 건축주에 대해 아는 게 없었다. 축구 선수였다는 것 말고는. 그래서 맥주를 한 잔 하자고 청했다. 장소는 을지로다. 서울미래유산이라고 지정되는 바람에 요즘은 이십 대가 가득 포진하고 있는 그 노가리 골목이다. 내가 대학원생들과 여기를 처음 다니기 시작했을 때는 대학원생 정도 나이면 한참 처지는 최연소 연배들이었다. 말하자면 골목에서 희귀한 존재들이었다. 전직 축구 선수와 둘이 만난 것은 노가리 골목의 세대 교체 이전이었다.

초저녁부터 건축가와 건축주가 맥주와 노가리 안주를 앞에 두고 앉았다. 여전히 즐겁고 긍정적인 모습이었다. 이런저런 세상

살이가 안주로 오르락내리락했
다. 집 짓는 것 따위의 사소한
사안은 빼고. 그러다 화제가 자
동차로 옮아갔다. 건축주의 드
림카가 등장했다. 피아트 X1/9.
들어 본 적이 없는 차종이었다.

건축주의 드림카. 스포츠카인데 배기량은 1,300cc인
경차다.

2인승 스포츠카인데 경차란다. 유럽에서도 이미 단종된 지 오래
인 모델이다. 한국에 한 대도 존재하지 않는 오래된 차였다.

"그럼 지금은 어떤 차를 타시나요?"

당연한 내 질문이었다. 건축주가 겸연쩍게 대답했다.

"집에 차가 네 대 있는데….''

아들이 하나라고는 했지만 차가 네 대라는 이야기는 하지 않
았다. 자동차라는 물건은 덩치가 크고 회전 반경을 고려해야 해
서 건물을 설계할 때 아주 중요한 변수다. 갑자기, 그리고 당연
히 그 네 대의 정체가 궁금해졌다. 이 정도면 자동차광이라고 해
야 할 것이다. 독일과 이탈리아의 명품 스포츠카 브랜드 로고가
머릿속에서 점멸했다. 일상적으로 타고 다니는 자동차도 필요하

므로 한 대는 국산일 것이고. 그렇다면 그는 재벌임에 틀림없다. 검소는 무슨. 나도 예산 제약 없는 집 좀 설계해 보자.

그러나 건축주가 갖고 있다는 차 네 대는 모두 경차들이었다. 한 대가 국산일 것이라는 예측만 맞았다. 세 대는 수입차들인 건 맞지만 탑승객 네 명이 앉으려면 모조리 구겨져 들어가야 하는 물건들이었다. 비교 기준에 따라 달리 표현할 수도 있다. 그러나 분명 자동차로는 저렴한 모델들이었다. 더 이상 구할 수 없거나 구하기 어려운 오래된 차종들이라는 공통점이 있었다. 그는 재벌이 아니었다.

그의 드림카를 다른 사람들은 고물차라고 표현할 수도 있을 법했다. 그러나 돈 주면 살 수 있는 것은 그의 로망이 될 수 없었다. 그가 빠져드는 것은 얻기 어렵고 오래된 것들이다. 그리고 작아야 한다. 그가 처음에 작은 집을 계속 강조했던 이유가 있었다. 건축주의 모습이 드러났다. 중요한 단서다.

건축주의 취미 중 하나는 인터넷 쇼핑이었다. 그런데 쇼핑 목록이 또한 특이했다. 해외 중고 물품 거래 시장에서 지금 소장한 자동차에 맞는 부품을 구입한다. 그리고 그걸 차에 직접 달아 놓는다. 그렇게 그의 자동차들은 기어이 지구상에 오직 하나밖에 없는 존재로 바뀐다. 책이라면 세계 유일본이라고 해야 할 것이다. 자동차니까 세계 유일차.

가장 중요한 화두가 잡힌 셈이었다. 자동차의 존재가 중요한 것이 아니고 자동차를 통해서 그가 누구인지를 알게 되었다. 문제가 뚜렷하면 답을 내기 쉽다. 이번 건축주는 문제가 뚜렷했다. 세상에 나만 갖고 있는 가장 작은 것. 그걸 건물로 번역하는 일이었다. 건축주가 처음부터 작고 검소한 집을 강조했는데 이제야 의미가 제대로 와닿았다. 이제 알아서 해달라는 조건대로 설계할 수 있게 되었다. 이런 설계는 즐겁다. 즐거우면 항상 머릿속에 넣고 다니게 되므로 집중이 잘 된다. 빠르게 설계가 진행되는 것이다.

딱 하나 추가 의견이 왔다. 아들은 태어날 때부터 아파트에서 살았다. 비슷한 연배에서는 크게 이상할 것이 없는 배경이었다. 아버지가 주택을 짓는다고 하니 그 아들이 지나가는 말로 다락을 이야기했다는 것이었다. 건축주는 말 그대로 지나가는 말처럼 전달을 했다. 그러나 이번에 와닿은 것은 아들의 로망이었다. 이 역시 중요했다. 그가 이 집에서 많은 시간을 보낼 것 같지는 않지만.

면적

도시의 아파트에 살다가 전원으로 나오려 하면 집의 면적 계산에서 좀 차이가 생긴다. 살던 아파트의 면적으로 새 주택 면적을 등가 추정하면 곤란해진다. 생활 방식이 바뀌기 때문이다. 본인의 생활 방식이 바뀌지 않아도 다른 사람의 개입이 등장하는 데에서 생기는 변화다.

주택을 지어 교외로 갔다고 하면 일단 친구와 친척들이 궁금해한다. 백문이 불여일견인지라 결국 구경을 하러 온다. 그러나 그 구경은 말 그대로 휘 둘러보고 가는 것이 아니다. 한국의 독특한 풍습 중 하나는 마당을 바비큐와 연관시킨다는 것이다. 그래서 구경 왔다는 그들은 기어이 숯불을 피우고 고기 구울 것을 요구한다. 그 숯불은 마당 복판에서 자연 발생하고 자연 소멸하지 않는다. 따라서 피우고 굽고 뒤집고 처리할 물건들이 필요하다. 마당에 서거나 주저앉아 먹을 수 없으므로 앉고 차릴 가구도 필요하다. 그래서 이 물건들을 쟁여 놓을 공간이 필요해진다.

한국 바비큐의 특징 중 하나는 상추쌈 방식으로 입에 들어가야 한다는 것이다. 그리고 놀러 온 이들은 그 상추가 그 집의 마당에서 자라난 것이기를 요구한다. 상추 역시 자연 발생적으로 자라는 식물이 아니다. 심고 길러야 한다. 때 되면 물 주고 가꿔야 하는데 이 모든 게 장비를 필요로 한다. 당연히 장비를 챙겨 놓을 곳도. 아파트에서는 존재하지도 필요하지도 않던 공간 수요다. 일단 이 집도 면적은 건축주가 애초에 생각한 것보다 좀 더 커져야 하는 건 명확했다.

자동차 네 대도 문제였다. 덩치가 큰 물건 네 개가 있으므로 이들을 보관하는 방식부터 고민해야 했다. 즉 주차장 계획이 설계의 출발점이었다. 그래서 아래는 주차장, 위는 주택인 두 층짜리 건물이 자연스럽게 그려졌다. 건물 외부에 별다른 경치가 없으므로 건물은 내향적인 모습일 수밖에 없었다. 가운데 마당, 즉 중정을 두고 방이 둘러싸는 정사각형 모양의 평면을 그렸다. 하중을 받는 아래층은 콘크리트로 하고 위층의 주택은 경량 목구조면 될 것이었다. 몇 개의 모형을 만들어 보고 기본 방향을 확인했다.

건축주 부부를 초대했다. 도면과 모형이 앞에 놓였다. 몇 번

만나 본 결과 뭐든지 긍정적인 성격의 건축주였지만 그럼에도
항상 조심스러운 순간이다. 이 계획안이 그들의 기대와 잘 맞을
것인가. 그런데 이번은 그 정도가 좀 지나친 수준이었다. 아주
마음에 든다며 감탄을 하는 바람에 내가 제지를 조금 해야 했다.
열흘 정도 시간을 드릴 테니 혹시 생각나는 점이 있으면 연락해
달라고 요청했다. 성격 급한 건축주는 열흘이고 뭐고 그냥 진행
하자고 했으나 일단 열흘을 기다렸다.

　기본 계획안은 정리가 되었다. 이제 정말 중요한 작업이 남았
다. 이 집의 가치를 찾는 작업. 그것은 건축주의 로망을 담아내
는 작업이었다. 그가 그간 자동차로 표현한 그것.

평면 전개 설명

1

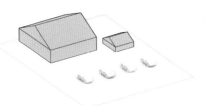

필요한 공간의 크기와 조건들. 아파트에서 나왔으므로 별도의 공간 수요가 있다. 그런데 자동차를 이렇게 세워 놓으면 공평하지 않다. 문간 위치에 국산차가 세워지게 된다.

2

자동차를 공평하게 세워 놓는 방법은 이렇다.

3

주차 공간 복판에 필요한 별도로 수요 공간을 배치한다. 이곳이 창고면서 보일러실이 된다.

4

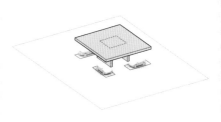

주차장에 지붕이 있어야 자동차 관리가 쉬워진다. 이렇게 덮으면 그 상부를 고스란히 다시 사용할 수 있다.

5

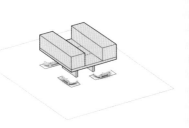

거실과 방 두 개를 배치하고 그 사이에 마당을 둔다.

6

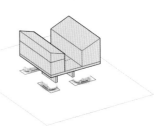

방에는 다락을 두고 거실의 천장 높이를 높인다.

7

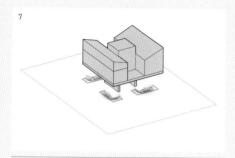

거실과 방의 연결 복도를 복판에 두면 마당은 자투리 공간이
된다.

8

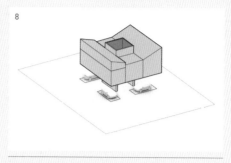

복도를 양쪽으로 나눠두면 가운데 중정이 생기면서 제대로 된
외부 공간이 형성된다.

9

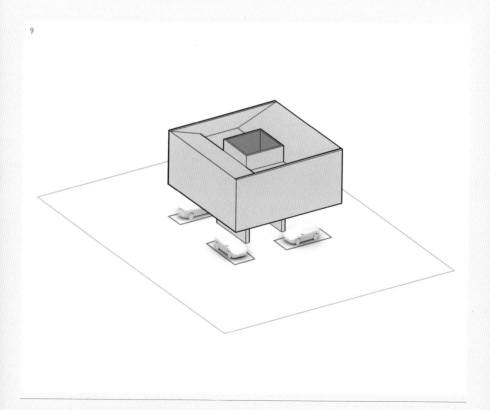

형태가 복잡해서 간단하게 가려주는 벽을 세우는 걸로 기본 계획이 완성되었다.

중정

이 집의 가치는 결국 저 중정이 쥐고 있었다. 그래서 그 모습을 찾는 데 꽤 시간이 걸렸다. 공간적 비례, 그리고 중정의 윗부분을 마무리하는 방식을 결정하는 게 문제였다. 윗부분을 상부 슬래브라고 불러야 할지 천장이라고 해야 할지 모를 일이다. 하여간 문제는 중정이 어떤 방식으로 하늘을 보게 하느냐는 것이었다. 그건 중정에 빛과 그림자를 어떻게 들어오게 하느냐는 문제기도 했다.

좋은 디자인은 가장 간단한 모습이어야 한다. 그걸 우리는 우아한 디자인이라고 부른다. 그렇게 우아하게 되는 건 참으로 어렵다. 어떤 중정이 우아한 중정이 될 것인가. 이것저것 고민하고 그려 보아도 마땅히 마음에 드는 모습이 쉬 등장하지 않았다. 복

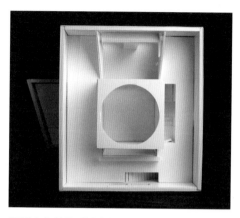

중정의 슬래브를 동그랗게 하기로 결정한 모형.

잡한 모습들은 결국은 선택하고 난 후에 후회할 것들이었다.

여러 대안 중 하나를 선택하는 경험적 기준이 하나 있다. 선택 여부를 고민하게 되면 그건 대안이 아니라는 것이다. 디자인에 서는 그렇다. 어떤 요소의 필요 여부를 고민하게 되면 그건 빼는 게 옳다. 그래서 좋은 디자인은 결국 가장 간단해진다.

결국 여기서도 가장 간단한 형태가 선택되었다. 동그랗게 뚫린 천장. 중정이 다 뚫린, 즉 천장이 없는 대안도 있었고 이 역시 강력한 대안이었다. 그러나 뚫렸다는, 즉 열렸다는 의미를 전달 하는 데는 동그란 모습이 훨씬 더 강력했다. 살짝 가리는 게 다 보여 주는 것보다 항상 더 오묘하다.

이 과정에서 중요한 것은 모형 확인이었다. 모형을 만들어 보 니 동그란 천장이 가장 우아한 대안이라는 확신이 들었다. 대학원생들은 컴퓨터 모델링을 통해 다시 확인했다. 나는 종이 위에 연필로 선을 긋다가 마우스로 모니터에 도면을 그리는 방식으로 넘어간 전환기 세대다. 물론 지금은 입으로 도면을 그린다.

컴퓨터 모델링을 통해 태양 각도를 이리저리 돌려가던 학생 하나가 알려주었다.

"중정 벽에 하트 모양이 발견되었어요."

사실 이 하트 모양은 모형을 햇빛 아래서 들고 돌려 보면 쉽게 관찰되는 것이었다. 아날로그 모형에서는 그걸 발견하지 못하고 컴퓨터 모니터 안에서만 발견하는 걸 보니 과연 다른 세대라는 생각이 들었다. 그 하트는 결국 준공된 건물 벽면에 빛으로 새겨질 예정이었다.

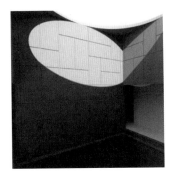

컴퓨터로 그린 중정과 빛.

바 닥

중정 벽의 네 면은 콘크리트다. 그중 두 면은 벽체 아랫면에 유리벽이 들어서게 되었다. 이건 기능적인 요구다. 다음은 중정 바닥의 문제다. 좀 조심스런 사안이기는 한데 여기에 얇게 물을 깔기로 했다. 사진으로는 좋은데 실제로는 성공하기 어려운 선택이다. 특히 한국에서는 더 그렇다. 관리가 어렵다는 이야기다. 그럼에도 물에 대한 집착을 거두기가 어려웠다. 물이 하늘을 비추는 모습에 빠져들고 있었다. 필요한 것은 거울처럼 고요한 물의 질감이었다. 그러므로 깊을 필요도 없다. 아주 얇게만 깔면 될 일이었다. 필요하면 금방 채울 수 있고, 바로 빼낼 수 있다.

　이제 건물을 짓는 데 필요한 중요한 사안이 모두 결정되었다. 다시 건축주를 초대했다. 무슨 일이든 감탄할 준비가 되어 있는 부부가 다시 학교를 방문했다. 이번에 가장 중요한 내용은 중정이었다. 좀 조심스럽기는 했는데 물을 얕게 깔았으면 한다고 이야기를 건넸다.

일단 기능적인 설명이 필요했다. 여름이면 이곳에 해가 높이 떠서 들어올 것인데 물을 채우면 증발열을 통해 건물 안팎에 기압 차가 생긴다. 중정 양쪽에서 맞통풍이 좋아질 일이었다. 냉방 부하가 줄어들 것이라는 이야기다. 다음은 가치에 관계된 사안이었는데 중정 바닥에 하늘을 채우고 싶다는 이야기였다. 물에 비치는 하늘이었다.

건축가의 설명은 조심스러웠는데 건축주의 반응은 이전보다 훨씬 적극적이었다. 건축가를 점집 주인 아니면 선지자로 이해하는 분위기였다. 사연은 이렇다. 아내는 천식이 좀 있다. 그래서 집에는 항상 어느 정도 습도 공급이 필요하다. 그걸 설명한 바도 없는데 이렇게 알아서 습기 공급 장치를 제공하려 했는가. 그러므로 이 건축가는 놀라운 예지를 갖추고 있음이 틀림없도다.

이런 걸 요즘 표현으로는 긍정 에너지라고 할 것이다. 하여간 이날 하트 모양의 빛 이야기는 하지 않았다. 이 중정에서 내가 따로 감춰 놓은 것도 이야기하지 않았다. 그건 건물이 준공되고 어떤 날이 되어서야 확인될 일이었기 때문이다. 그것이 이 집의 가장 중요한 가치라고 나는 믿고 있었다.

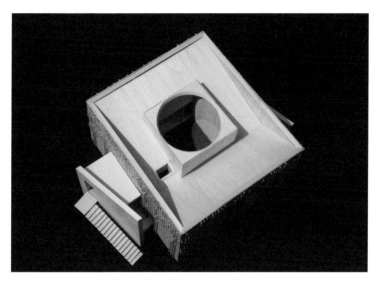

중정에 물을 넣는 것으로 하고 건축주에게 제시한 모형.
중정의 물에 동그란 빛이 비치는 게 보인다.

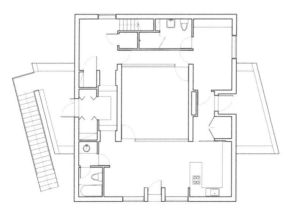

건원재 평면도.

노출

시공자 김 사장님은 건축주가 미리 시공자로 결정한 이유가 느껴질 만큼 온유한 사람이었다. 시공 계약은 내가 관여할 일은 아니었다. 그럼에도 집을 지으려면 기본적인 정보는 갖고 있는 것이 좋을 것 같아 넌지시 시공자에게 계약 금액을 물었다. 액수는 좀 당황스러웠다. 검소한 집이 될 것은 틀림없는데 공사를 제대로 마무리할 수 있는지 좀 우려가 되었다. 건축주와 시공자의 신뢰 관계가 있다고 해도 좀 위험해 보이는 수준이었다. 이건 내가 긴장해야 할 사안이었다. 현장에서 결정해야 할 변수들이 아직 많은데 이 공사비가 발목을 잡으면 곤란한 일이었다. 혹시 너무 낮은 금액에 계약한 것이 아니냐고 물었더니 또 충청도 사투리가 돌아왔다.

"맞춰 봐야쥬."

나도 공사비에 대한 감은 있다. 시공자는 남이 파는 재료를 사와야 하고 고용한 인부들에게 일당을 지급해야 한다. 자기 돈을 쓰면서 공사하는 시공자는 없다. 세상에 돈에는 버티는 장사가 없다. 일이 원만해지려면 시공자가 구석에 몰리지 않게 구도를 잡아야 한다. 추후 공사비 증액은 항상 불신의 발화점이다. 그리고 분쟁과 비극으로 마무리된다.

이 건물의 주요 뼈대는 콘크리트다. 공사에서 구조물 시공 비용이 가장 큰 덩어리다. 여기서 공사비 손실이 있으면 추후 처방은 다 무의미하다. 콘크리트 구조체의 문제는 다시 거푸집 문제로 귀결된다. 철근은 어차피 들어가야 할 것이고 콘크리트도 레미콘 공장에서 받아 오는 것이므로 변수가 아니다. 남는 건 거푸집을 어떻게 짜느냐는 문제다.

한국에서도 이제 노출 콘크리트라는 단어가 꽤 익숙해졌다. 그런데 이와 함께 대개 머릿속에 떠올리는 것이 있다. 일본의 건축 전문지에 실려 수입된 말끔하고 반질반질한 콘크리트 면의 모습이다.

건축가 안도 타다오는 이제 문화적인 취향이 있다는 한국인들이 언급하는 콘크리트의 보통 명사가 되어 버렸다. 그는 내가 대학생이던 시절 한국에 이름이 알려지기 시작했다. 그때 사진

속 그의 건물을 보며 내가 궁금했던 것이 있었다.

"저 사람은 단열을 안 하나?"

아무리 그의 도면을 들여다봐도 단열재가 보이지 않았다.
이후 미국에 유학을 갔더니 일본인 학생이 있었다. 그는 내가
생전 처음 만난 일본인이었고 또한 실무 경험이 좀 있는 건축 전
공 유학생이었다. 그와 통성명을 한 후의 첫 질문이 그토록 궁금
하던 것이었다.

"안도 타다오는 단열을 도대체 어떻게 하느뇨."

초면의 질문에 어처구니없어 하던 그의 대답은 간단했다. 안
도 타다오는 단열을 하지 않는다. 그리고 친절하게 이유를 설명
해 주었다. 첫째는 그가 주로 건물을 세우는 오사카, 고베는 비
교적 따뜻해서 단열을 하지 않아도 살 만하다. 두번째가 더 중요
한데 그는 이제 유명해져서 단열을 하지 않아도 된다. 즉 단열에
신경 쓰지 않아도 설계해 달라는 사람들이 줄 서 있다.
나중에 알고 보니 그는 설계한 첫 주택부터 단열을 하지 않았
다. 그래서 여름이면 집이 너무 뜨거워져서 아직도 그곳에 살고
있는 건축주는 마당에 나와서 잔다. 그렇게 말하면서도 그 집의

건축주는 동영상 속에서 껄껄 웃었다. 좋은 집에 살고 있어서 뿌듯하다고. 한국이라면 일단 허가가 나지 않는다. 그 다음은 민사 소송에 들어갈 사유일 게다. 안도 타다오는 홋카이도에 예식장으로 사용할 무늬만 교회인 건물을 설계하면서 5센티미터의 단열재를 넣기 위해 콘크리트 벽 두께를 90센티미터로 키워 버렸다. 다 그가 유명해져서 가능한 일이겠다.

단열 여부와 관계없이 그리 깔끔한 콘크리트를 만들려면 코팅 합판 거푸집을 써야 한다. 거푸집이 꺾이는 곳에 물이 새지 못하게 온갖 장치를 해야 한다. 그 작업에 목숨 거는 게 일본 목수들이다. 옆에서 시키지 않아도 그걸 본인들의 자존심으로 안다. 그게 곤조다.

나는 그런 매끈한 콘크리트가 결국 일본의 감수성이 아니겠느냐는 의구심을 품고 있다. 일본의 장인들은 한 치의 흐트러짐만으로 사무라이의 칼을 맞는 절박함으로 에도 시대를 살아왔다. 그런데 우리는 이런들 어떠하며 저런들 어떠하리 하며 살아왔다. 그런 흐트러진 자유분방을 일상화하는 조선 시대에 대강 때우고 넘어가야 생존하는 한국 전쟁기도 겹쳐있다. 우리는 막사발에 담긴 막걸리를 손가락으로 저어 가며 마시는 문화를 일궈 왔다.

나는 깔끔한 노출 콘크리트 미학에 문화 정체성 의구심이 있다. 그냥 막사발 같은 콘크리트가 우리의 미감에 더 맞지 않으

냐 하는 생각이다. 텁텁하고 분방한 맛이 나는 콘크리트. 사실
이 건물에서는 비싼 코팅 합판을 쓸 여유도 없었다. 이런 건 〈문
추헌〉의 재생 유로폼 거푸집을 통해 학습한 바가 있다. 김 시장
님에게도 코팅 합판을 쓸 필요는 없고 한 번 사용한 재생 유로폼
거푸집이면 충분하다고 이야기했다. 다만 두 번 쓴 건 곤란하다
고. 대신 도면으로 그려 주는 거푸집 줄눈만 잘 맞춰 달라고 요
구했다. 답은 간단했다.

"그러쥬."

화강석

부지런하다고 해야 할지, 성격이 급하다고 해야 할지 우리의 건축주는 계속 땅을 다듬었다. 일단 잘라 놓은 땅의 경사면에 석축을 다 쌓았다. 이건 건축가의 요구와 판단이 아니라고 어딘가에 써 붙여 해명할 수도 없는 일이었다. 하여간 정지 작업이 다 끝나고 이제 건물을 얹는 일이 남았다.

건물의 향이 워낙 중요했다. 건물이 도면보다 옆으로 좀 움직여 배치되는 건 큰 문제가 아니었다. 그러나 정확한 방향은 아주 중요했다. 이 건물 설계의 화두였기 때문이다. 그런데 이게 좀 어려운 문제였다. 도시 내 필지라면 기준점이 많으므로 나침반도 필요 없다.

이 땅은 주변에 기준점이 없으므로 현장에서 건물 방향을 잡는 도구는 나침반이다. 그 북쪽은 자북이다. 그런데 도면에서 기준으로 삼는 것은 도북이다. 둘의 방향이 일치하지 않는다. 도자각이라고 부르는 그것이다. 일반적인 건물을 배치하는 데에 이게 큰 문제는 아니다. 그러나 이 차이가 이 건물에서는 아주 중요했다. 거푸집은 대강 쓰더라도 방향만은 정확해야 했다.

건물 배치를 잡는다고 하는 날 현장에 갔다. 과연 오차가 있었다. 방향을 조금 돌려 놓았다. 그럼에도 정확한 방향인지 그 자리에서 확인할 길은 없었다. 결과는 건물이 다 지어지고 지구가 태양을 몇 바퀴 돌아야 알게 될 일이었다.

기초 공사가 시작되었다. 구조가 복잡하게 설계된 것이 아니므로 공사는 별 문제 없이 진행되었다. 위층 슬래브가 좀 많이 뻗어 나온 구조여서 주의가 필요하기는 했다. 그래서 이건 최고 수준의 구조 공학 엔지니어 설계와 검토를 받아 두었다. 도면대로 시공만 하면 되는 문제였다. 이보다는 거푸집 패턴이 건물 규정의 중요한 변수였다.

주차장 바닥에는 현무암을 깔 예정이었다. 내가 좋아하는 질감이고 두꺼운 돌을 깔면 주차장의 하중을 버틸 수 있었다. 그런데 결국 예산이 마음에 걸렸다. 어차피 수입산 현무암을 써야 했는데 내구성을 갖추도록 두툼한 돌을 쓸 수 있는 상황이 아니라는 판단이었다. 석재 도매상으로 향했다. 직사각형 거푸집 패턴에 가장 유사한 중국산 화강석을 선택했다. 당연히 가격은 저렴

했다. 수입 날짜도 공사 일정에 빠듯하게 맞출 수 있다고 했다. 도면도 좀 바꿔야 했다. 계단 난간도 거푸집의 패턴을 따라 조정해 다시 전달했다.

기초를 다 치고 벽체를 준비 중인 현장.

재시공

철거 후 재시공. 이건 모두에게 비극이다. 대개는 도면대로 시
공되지 않아서 발생하는 사건이다. 가장 큰 물질적 피해는 시공
자에게 간다. 개별 공종의 시공은 하도급 업자들이 하는 일이
다. 거기서 책임 시공자는 감독을 하면 되는데 사람이 하는 일인
지라 이게 쉽지 않다. 게다가 현장에서 일하는 시공자, 즉 인부
들은 건물의 완성도가 아니라 일당에 관심 많은 사람이다. 그래
서 도면은 옆에 던져둔 채 하던 대로 작업을 하는 경우가 숱하
다. 철거 후 재시공 명령을 내려야 하는 건 엄청난 결단이다. 건
축가, 혹은 감독관은 좋은 건물을 위해 단호하게 철거 후 재시공
명령을 내려야 한다. 그런데 그게 사람이 사람을 두고 하는 명령
인지라 쉽지 않다.

1층을 마무리하고 2층의 콘크리트 거푸집이 완성된 상황.
중앙의 거푸집이 중정을 규정하게 될 것이다.

이 건물에서도 위기의 순간이 있었다. 주차장인 1층 공사가
마무리되고 2층의 거푸집이 다 올라간 상황이었다. 시골의 공사
장이니 가설 구조물에 안전 장치인들 변변할 리가 없었다. 연결
해 놓은 거푸집을 사다리 삼아 딛고 어렵게 중정 부분의 맨 위로
올라갔다. 지붕 슬래브라고 해야 할지 중정 천장이라고 해야 할
지 여전히 애매한 동그란 부분의 거푸집 확인을 위해서였다.

순간, 위기일발이라는 단어가 고스란히 느껴졌다. 결단코, 절
대, 어떤 이유에도 타협할 수 없는 문제가 발생했다. 합판을 오
려서 동그랗게 형틀을 잡아 놓은 걸 보니 오래 공들인 흔적이 역
력했다. 그런데 치수가 맞지 않았다. 도면을 잘못 읽었던 것이
다. 동그라미가 중정 사각형의 벽에 딱 맞는 게 이 설계의 핵심
이었다. 그게 이 집의 영혼이고 심장이었다. 그런데 원이 벽면의

안으로 들어와 있었다. 즉 동그라미의 직경이 중정 사각형보다 작았다.

타협 불가능. 나도 어느 걸 취하고 어느 걸 버려야 할지 아는 나이가 되었다. 어느 것이 중요하고 어느 것이 덜 중요한지 판단한다는 것이다. 이건 중요한 사안이었다. 대단히 중요했다. 이 집의 전체를 쥐고 있는 부분이었다.

현장에서 다른 부분을 작업 중이던 김 사장님을 다시 불렀다. 열심히 작업한 부분이라 대단히 미안한 일이기는 한데 이건 철거 후 재시공할 사안이라고 설명했다. 콘크리트를 철거하는 게 아니고 거푸집을 철거하는 것이 훨씬 간단한 일이기는 했다. 잠시 당황한 기색이 있었으나 답은 비슷했다.

"그래야쥬, 뭐."

중정 상부 슬래브의 거푸집 제작 현장.
결국 다 뜯어내고 다시 시공했다.

소나무

콘크리트 공사가 마무리되었다. 이제는 목재가 등장할 차례다. 김 사장님의 자칭 본선 무대가 되는 것이다. 이 본선 진출자에게 조심스럽게 부탁을 했다. 사실 이건 해도 되고 안 해도 되는 작업이었다. 하지만 이 땅에 처음 왔을 때부터 마음에 걸리는 게 있었다. 이미 그 자리에 있던 소나무들을 다 걷어 낸 문제였다.

　나는 가끔 거리에 다니는 사람들을 파리나 바퀴벌레로 치환해서 상상해 보곤 한다. 그림은 끔찍해진다. 저토록 많은 파리가 우글거리는 풍경이라니. 물론 나도 그런 파리 중에 한 마리겠고. 그런 파리가 이 지구상에서 가장 넓은 면적을 자신의 영토로 잠식해 나갔다. 그리고 현재 진행형이다. 그래서 '인류세 (Anthropocene)'라는 단어도 등장했다. 지구는 인간의 존재를 필요로 한 적이 없다. 인간은 지구상의 생명체 중 유일하게 지구에 부담이거나 피해를 가하는 종이다. 그렇다고 우리가 사라질 일은 당분간 없어 보인다. 그래서 가급적 지구를 덜 파고 덜 힘들게 하고 살아야 한다는 생각을 자꾸 하게 된다. 직업상 건축가의 자기모순에 해당하는 생각이지만 어쩔 수 없다.

이 집도 그 자리에 있던 소나무들을 걷어내고 들어선다. 사라진 그 소나무들을 나름대로 기억해 주는 흉내라도 내고 싶었다. 결국 해낸 생각은 외관에 그 소나무들을 새겨넣는 것이었다. 외벽에 수묵화를 그리는 건 불가능했다. 다만 소나무 숲을 디지털 픽셀처럼 치환해서 건물의 벽에 새길 수는 있었다. 컴퓨터로 모델링을 해 보니 그림이 그럴듯하게 나왔다. 조심스럽게 김 사장님에게 도면을 내밀었다. 정확한 치수까지는 매겨지지 않은 투시도와 입면도였다. 이대로 한 번 시공해줄 수 있느냐고 물었다. 답은 여전히 긍정적이었다.

"해 보쥬."

외관이 완성되었다는 소식에 기대를 품고 현장으로 달려갔다. 교훈이 다시 확인되는 순간이었다. 할지 말지 고민되는 일은 하지 않는 것이 옳았다. 그리고 하려고 한다면 정확하게 치수를 적은 도면을 건넸어야 할 일이었다. 열심히 작업한 결과물은 사라진 소나무의 흔적을 표현한 것이 아니었다. 별 의미 없는 작업을 시공자에게 요구했던 것이다.

내부 마감 재료는 자작나무 합판이다. 합판이 만드는 모든 줄눈이 다 맞아야 한다고 시공자, 김 사장님에게 요구했다. 물론 제시된 도면에는 정확한 치수가 다 기입되어 있었다. 문을 달려면 문틀이 필요하고 당연히 문틀이 만드는 선도 생긴다. 이것도 다 합판으로 가려서 문틀이 보이지 않게 해 달라고 도면을 그렸다. 문 주위로 단 하나의 선만 생기게 하는 것이다. 다행스럽게 그렇게 시공이 되었다.

재생 유로폼이 만든 패턴.

외부 마감과 맞춘 내부 마감.

1 목조의 뼈대를 세우기 시작했다.

2 내부를 면한 벽면이 마무리되었다.

3 단열재와 방습층이 설치되었다.

4 외부 마감면이 완성되었다.

5 공사는 느려도 논에 뿌려진 벼는 잘 자랐다.

현관

집이 점점 마무리를 향해 가고 있었다. 현관에 들어서면 천창이 하나 배치되어 있다. 대개의 아파트 현관은 컴컴한 공간이다. 그래서 사람의 움직임을 감지해 켜지는 램프를 달아 놓는다. 나는 이 집의 현관이 밝은 공간이기를 원했다. 천창이 필요했다. 천창은 현관에 햇빛을 들여오는 도구다. 그 햇빛은 말 그대로 강렬해야 했다. 뜨거운 것이 아니고 깨끗한 모습으로.

그런데 가 보니 들어오는 빛의 상부가 약간 잘려 들어오게 현관 벽체가 시공되어 있었다. 나는 간단하고 명료하고 뚜렷하고 강력한 빛을 원했다. 일부가 잘려 들어오는 빛은 그런 모습이 아니었다. 나는 단 한 줄기 빛이 칼로 벤 듯 들어오기를 원했다. 다시 김 사장님을 호출했다. 도면에 담긴 의도를 설명했고 다시 요청했다. 철거 후 재시공. 여전히 충청도 사투리가 돌아왔다.

"그려유? 죄송혀유."

현관 밖 입구에는 자갈을 깔고 그 사이로 화강암 통돌을 놓았다. 디딤돌인 것이다. 그런데 이 돌이 놓인 방식이 문제였다. 나는 이 돌들이 경직과 무질서의 애매한 중간에 있기를 원했다. 우리에게 익숙한 표현으로는 자연스런 방식이라고 하는 것이 옳을지도 모르겠다. 그 판단은 오직 시각적인 것이다. 줄 맞춰 놓는 것은 비교적 쉽다. 무심하게 늘어놓는 것도 쉽다. 그러나 눈이

현관에 떨어지는 빛.
빛의 상부가 좀 잘려 들어오므로 재시공.

만족하는 적당하고 애매한 그 어느 곳은 어디인지 잘 모르기에
어렵다. 이게 비례의 문제다.

우리의 시공팀은 입구에서 도면을 무시하고 본인들 마음대로
돌을 놓았다. 그건 자연스러움이 아니고 무질서였다. 이곳은 건
물의 첫 공간인지라 그냥 넘어갈 수 없었다. 화강석 재배치를 요
구했다. 도면대로 재배치하는 건 이미 불가능해 보였다.

그런데 화강석 통돌은 무거운 물건이었다. 인부 두 명이 어깨
에 끈을 걸고 놓인 화강석을 들어 여기저기 조금씩 조정했다. 옆
에서 뒷짐 지고 선 건축가의 시각적 판단이 동의할 때까지. 좀처
럼 만족스런 모습이 나오지 않았다. 그러나 땀을 흘리며 돌을 옮
기는 인부들을 계속 잡고 있을 수는 없었다. 결국 나도 동네 수
준 맞춰 타협해야 했다.

"됐어유."

자연과 무심 사이의 어딘가에 존재하게 시공된 디딤돌.

무심

이 자연스럽다는 건 한국인들이 선호하는 독특한 정서가 아닌가 싶다. 적당히 얼렁뚱땅 넘어가는 걸 합리화하는 게 아니냐는 의구심도 있다는 이야기다. 한국을 아주 잘 아는 일본 건축가가 일본의 공사 현장에서 겪었던 일을 설명한 적이 있었다. 바닥에 돌을 까는데 일본의 석공들에게 자연스럽게 깔아 보라는 요구를 했던 모양이다. 대화가 되지 않았단다. 일본의 석공들은 자연스럽게 까는 게 무엇인지 이해를 못했던 것이다. 정확히 도면대로 놓는 것이 있었을 뿐이라는 이야기다.

수공업이라는 면으로 보면 한국과 일본은 참으로 다르다. 겨우 바다 하나를 사이에 두고 이처럼 다른 현상이 벌어지고 있다는 게 믿기지 않는다. 도로의 맨홀 뚜껑까지 주변 바다 패턴과 맞춰 놓아야 하는 게 일본의 수공업 문화다. 광고 전단들도 오와 열을 맞춰 붙인다. 우리는 그런 거 없다. 일본이 옳다는 게 아니라 서로 다르다.

건물 만드는 방식도 이런 현상들과 다르지 않다. 나는 이유를 나름 두 가지로 정리한다. 하나는 그런 수공업적 잉여를 요구하고 만족시킬 만큼 지난 시기 한국의 사회적 생산성이 충분하지 않았다는 것이다. 특히 조선 시대 임진왜란 이후 이 땅의 생산은 참으로 빈궁한 것이었다고 문헌 자료들이 증언한다. 그러니 수공업 생산물들은 다만 사용할 용도에 맞으면 충분한 것이다.

다른 하나는 성리학이라는 가치관이다. 물질적 집착을 배제하는 것이다. 대신 글과 정신에 대한 편집증이 사회를 장악했다. 그래서 바라보는 건물의 물적 완성도는 중요하지 않았고 건물 안에서 보이는 관계가 중요했다. 그건 나와 타자와의 관계였고 타자란 타인이나 자연이었다. 그 관계를 설명하는 문장은 중요했지만 관계를 만들어 내는 물질적 도구와 장치는 중요하지 않았다. 그렇게 정신과 물질이 모두 수공업을 부인하는 사회였는데 그들이 남겨 놓은 건물의 물리적 완성도가 그리 높을 필요가 없었다. 그게 바로 우리의 정체성이다.

내게는 이런 한국의 독특한 수공업적 전통을 표현하는 단어가 필요했다. 이를 찾기 위해 좀 오래 고민을 했다. 건축계에서 가장 널리 통용되는 단어가 '자연'이었다. 자연스럽고 자연을 모방하고 자연에 순응한다는 이야기. 그러나 그런 건 사대부의 물아일체 가치관일 수는 있어도 물건을 만드는 수공업자의 입장일 수는 없었다.

내가 발견한 것으로 가장 근접한 단어는 '무심(無心)'이다. 문장으로 풀면 '마음을 비운다'는 이야기다. 혹은 '마음이 비어 있다'. 만드는 과정, 만들어 온 결과물에 무심한 것이 그들의 가치관이 아니었을까 하는 생각이다. 그런 무심이 도의 경지에 이르기도 한다. 일본의 '소심'이나 '조바심'이 절대 이르지 못하는 세계다. 서정주 선생의 시 〈기도〉가 그런 '무심'을 도의 경지로 표현한 최고의 성취가 아닌가 싶기도 하다.

> 저는 시방 꼭 텡뷔인 항아리 같기도 하고
> 또 텡 뷔인 들녘 같기도 하옵니다
> 주여 한동안 더 모진 광풍을 제 안에 두시던지
> 날르는 몇 마리의 나를 두시던지
> 반쯤 물이 담긴 도가니와 같이 하시던지
> 뜻대로 하옵소서
> 시방 제 속은 맑은 꽃과 향기들이 담겼다가
> 비어진 항아리와 같습니다

저 무심의 정서가 아주 잘 맞는 분야는 노래와 춤인 듯하다.

막걸리 한 잔으로 모든 걸 털어내는, 마음까지 털어내는 분야다. 한일 대학생들을 노래방에서 보면 '무심'과 '소심'의 문화 차이를 확연히 느낄 수 있다. 한국 학생들은 곧 무아지경에 빠지는데 일본 학생들은 절대 평상심을 잃지 않는다.

그런데 이 '무심'이 수공업을 만나면 태만해질 수 있다. 내 짐작에 진정 일본의 수공업자들을 긴장시키고 두려워하게 만들었던 건 사무라이의 칼보다 이름이었다. 장인들의 이름을 기록해서 남긴 것이다. 이들은 인내심을 갖고 소심해져야 한다. 그런 소심이 축적되어 엄청난 수준의 건물을 만들어 낸 게 이들의 성취다.

조선 시대는 어느 수공업자의 이름도 기억해주지 않았다. 아무도 자신들의 이름을 기억해 주지 않던 시대의 무명씨들이, 아무도 가치를 음미해 주지 않는 결과물을 만드는데, 결국 그들이 무심해지지 않을 수 없었을 것이다. 조선 시대의 장인으로 굳이 가져다 대면 장영실 정도가 있을지도 모르겠다. 유구한 문화적 전통이 쉽게 바뀌지는 않는다. 공사 현장에 가면 항상 느낀다.

타협

현장에 들러 보면 인부들이 가장 열심히 들락거리는 공간은 중
정인 게 확연했다. 건물의 복판에 있으니 당연히 그럴 수밖에 없
겠다. 그런데 가끔 그들의 이야기가 들렸다.

"여기서 나중에 막걸리 마시면 술맛 끝내주겠다."

일단 이들에게도 마음에 드는 공간이라는 증거였다.

중정의 콘크리트는 완성되었다. 거칠었으나 그 질감이 막걸리
같은 맛이라고 생각했다. 이제 중정 벽에 유리를 끼울 차례다.
거실과 중정은 물리적으로 구분되어 있되 시각적으로 연결되어
야 했다. 당연히 커다란 통유리에 유리문이 한쪽에 붙어있는 도

면이 이미 처음에 전달되었다. 유리 크기와 제작 가능성이 확인
된 도면이었다. 그런데 창호 제조업자의 볼멘소리가 들려왔다.
유리를 중정을 통해 반입해야 하는데 통유리 무게가 지나치게
무겁다는 것이었다. 유리를 두 장으로 나눠 달라는 이야기였다.
전투인지 타협인지 판단, 선택해야 하는 순간이었다.

　항상 "해보쥬."라던 사장님도 좀처럼 기분이 좋지 않던 시기
였다. 그와 내부 마감 공사에서 손을 맞춰 온 목수에게 하필 문
제가 생겼던 상황이었다. 그래서 다른 하도급 내장 목수를 찾아
야 했고 그래서 추천받아 일을 맡긴 목수가 영 마음에 들지 않았
던 것이다. 예상보다 자작나무 합판이 많이 소모되었던 모양이
었다. 합판을 아껴 쓸 줄 모르고 아무렇게나 잘라 쓰더라는 이야
기. 공사 과정에서 처음으로 그의 입에서 육두문자가 등장했던
시점이다.

　이런 분위기에서는 잘못 선택한 전투 전략으로 전쟁이 망가
지는 수가 있다. 두 장으로 나뉜 유리창에 동의했다. 문제는 끝
난 게 아니었다. 상상을 초월하는 일이 벌어졌다. 중정 출입 유
리문도 달았다고 해서 가보니 그 유리문이 가관이었다. 우리가
편의점 들락거릴 때 밀고 당기는 그런 유리문을 달아 놓았던 것
이다. 위아래로 바람이 숭숭 들어오는 그런 문이다. 주택 창호의
기본 중 기본은 기밀성이다. 그런데 이들은 자신들이 알고 있는
유리문은 그런 것밖에 없다고 버텼다. 이제는 내 입에서 육두문

자가 나와야 할 차례였다.

그러나 노래방 아니고 이런 곳에서 중요한 게 평상심 유지다. 수험생에게 공부 못한다고 야단친다고 성적이 오르지 않는다. 자존심을 건드리는 문장이 입에서 나오면 상황은 악화할 따름이다. 내가 지금 무심한 조선의 문화적 전통을 이어받은 대한민국 하고도 마땅히 시골이라고 표현해야 할 공주 교외에서, 그간 농가 주택인지 상가인지를 짓고 살았는지 모를 무심한 시공자들을 앞에 두고 있다는 사실을 잊지 말 것이다.

기밀성이 없는 문을 다는 건 생활이 불가능한 주택을 만드는 일이다. 유리문을 포기했다. 철문으로 바꾸면 기밀성이 있는 문을 만들 수 있겠냐고 물었더니 그건 가능하다고 했다. 중정 자체가 훼손되지만 않는다면 중정과 거실의 시각적 연결은 타협할 수 있었다.

두 장으로 나뉘어 시공된 유리.

결국 포기한 유리문.

오석

중정의 마무리 작업은 바닥에 돌을 까는 일이었다. 당연히 검은 화강석을 지정했다. 까마귀처럼 검은색이어서 그럴 것인데 오석이라고 불렀다. 위에 깔린 물이 하늘을 하늘색으로 비추려면 배경 돌은 검은색이어야 했다. 거무스름한 화강석이 새까매지려면 물갈기 마감을 해야 한다. 유리처럼 매끄러워지도록.

갑자기 걱정이 되기 시작했다. 하늘을 비추는 건 좋은데 여기 물을 담아야 한다는 사실이 문제였다. 물갈기 마감면 위에 물이 묻으면 엄청나게 미끄러워진다. 유리면도 평상시에는 미끄럽지 않은데 수분을 머금으면 빙판이 된다. 사실 빙판도 그 표면에 녹은 수분 때문에 미끄러워지는 것이다. 이 건물은 주택이고 중정도 결국 일상 생활이 일어나야 하는 공간이다. 바닥의 물을 빼놓는다 해도 언제 어떻게 물이 묻어 있을지 모르는 상황이다. 도면을 그릴 때는 우아함이 우선이었으나 결국 주택에서는 안전이 더 중요한 가치였다. 생각이 달라졌다. 결국 물갈기 마감을 포기했다. 중정 물에 비친 하늘은 좀 더 뿌옇게 되었다.

마감이 바뀌었으니 디자인도 바뀌어야 했다. 하늘이 덜 중요해졌으니 바닥 자체의 중요도가 더 커진 것이다. 중정 가득 하늘을 담는 집착이 사라졌으니 중정의 중앙 일부분에만 물을 담을 수 있는 디자인을 생각했다. 말하자면 중앙의 좀 작은 사각형에만 물을 담으면 주위는 한 사람이 돌아다니는 복도가 되는 것이다. 물론 물을 중정 바닥 가득 채울 수도 있기는 하다. 서둘러 도면을 수정해 전달했다.

마지막 화룡점정은 물을 공급할 수전이었다. 수도꼭지를 갖다 놓을 일은 아니었다. 도면에도 뭔가 조각적인 돌을 통해 물을 공급하는 것으로 그렸다. 그건 수도꼭지가 아니고 돌이라는 의사 표현이고 실제로 그 돌이 어떻게 생긴 것인지는 석재 가공 공장에 가서 주문하든지 골라야 할 일이었다. 이걸 어찌 골라야 하나 고민하고 있던 차에 그간 모습을 드러내지 않고 있던 건축주가 등장했다. 아마 내가 아무런 사인을 보내지 않아서 직접 가공 공장에서 고른 모양이었다. 설치된 모습이 충분히 제법 잘 어울린다는 생각이 들었다.

그래도 자리를 잘 잡은 수전.

이사

건물이 완성되고 입주 날짜가 정해졌다. 건축가에게 남는 것은 사진 몇 장이다. 도면을 그렸던 대학원생들과 입주 전날 카메라를 들고 공주로 향했다. 모두 자신들이 그린 도면이 이렇게 건물이 되었다는 사실에 신기해했다. 나도 항상 신기하다.

　건물 사진을 찍는 건 노력만으로 되는 일이 아니다. 하늘이 도와줘야 한다. 그림자가 중요한 건물이면 당연히 하늘이 맑아야 한다. 대개의 건물이 맑은 하늘을 촬영 배경으로 요구한다. 태양의 각도가 계속 바뀌므로 건물 면의 위치에 따라 최고의 순간을 찾고 기다려야 한다. 좋은 구도를 찾는 데는 경험이 필요하고 적절한 시간을 찾는 데는 인내가 필요하다. 보도용 준공 사진은 전문가에게 맡겨야 하지만 이 건물은 전문가에게 의뢰할 상황은 아니었다. 실력이 달려서 그렇지 장비로만 보면 나도 전문가다. 물론 '무심'하게 셔터를 누르지는 않는다.

종일 대학원생들과 건물 주위를 돌아다니며 사진을 찍었다. 해가 지고 야경을 몇 장 담았다. 가장 중요한 것은 중정에서 위를 바라본 모습이었다. 밤에 올려다본 중정은 동그랗고 까만 하늘을 담고 있었다. 이제는 그곳에서 무슨 일이 벌어질지, 그곳을 통해 어떤 상황이 벌어질지 기다려야 했다. 그 기대는 잠시 묻어둔 채 나는 철수했고 건축주는 그 다음 날 이사했다. 일단 건축가로서 내 역할은 마무리되었다.

건물을 알아서 설계해 달라던 건축주가 당호를 요구할 리 없었다. 그래서 당호는 당연히 내가 지었다. 〈건원재(乾圓齋)〉. 하늘이 동그란 집이라는 뜻이다. 하늘이라면 '건(乾)'보다 '천(天)'이 훨씬 더 익숙한 글자다. 천자문을 여는 그 글자가 천이다. 그러나 천은 자연 상태의 하늘이라는 느낌이 있다. 그렇다고 열린 하늘 전체를 표현하면 '공(空)'이 가깝다. 이들 글자에 비해 건은 인간이 해석한 하늘의 느낌이 묻어 있는 글자다. 어떤 방식으로든 규정된 것이고 이를 인간이 풀어낸 것이어서 그 배경에 인간의 존재가 느껴지는 글자라는 이야기다. 하늘을 해석해야 하는 주역에서 사용하는 글자가 건이다. 이 주택의 하늘은 건물을 통해 가공되어 표현된 것이다. 그래서 〈천원재〉가 아니고 〈건원재〉다.

진입로에서 본 건물.

주차장 모습.
바닥은 거푸집과 맞춘 화강석이고
벽면은 막걸리 맛이다.
그럼에도 줄눈은 다 맞춰져 있다.
기둥이 없어야 하므로
상부가 많이 돌출되어 있다.

계단 난간 역시 거푸집과 같은 개념이다.

깨끗하게 떨어지는 현관 빛.
반사되는 이유는 거기 얇은 유리를 깔았기 때문이다.
이 집의 주제를 제시하는 부분이다.

거실과 주방 풍경. 왼쪽이 중정이다.

중정에서 본 모습. 물에 의한 바닥의 반사가 중요하다.

선물

동그란 슬래브는 하늘을 담는 틀이다. 액자라고 해도 될 일이다. 하늘을 재단해서 보여 주는 도구이되 자신의 존재는 부각시킬 필요가 없다. 그래서 콘크리트 구조체지만 두께가 느껴지지 않아야 한다. 콘크리트 구조물이 아니고 하늘이 보여야 한다.

당호의 뜻처럼 중정에 서서 고개를 들면 세상이 동그래진다. 흐린 날과 맑은 날의 색이 다르고 구름 따라 모양이 다르다. 매일 매 순간 모습을 바꾸는 하늘을 가진 집. 세상에서 하나밖에 없는 하늘을 가진 집. 그게 내가 건축주에게 건넨 선물이다.

하늘을 적극적으로 부각시키기 위해서 이 동그라미는 네모난 벽체에 꼭 맞게 내접해야 했다. 그래서 다른 건 타협했지만 이 사안에서 문제가 드러났을 때는 철거 후 재시공을 요구했다. 그

빛이 만드는 또 다른 선물, 하트.

렇게 만든 동그란 하늘을 보고 나중에 방문한 누군가는 자연 속의 제임스 터렐(James Turrell) 작품 같다고도 했다. 영광스러운 평가였다. 그리고 사실 설계하면서 염두에 둔 이름이기는 하다.

건축주 남편에게 선물한 것이 동그란 하늘이라면 하트 모양 빛은 부인에게 가는 선물이겠다. 모형 작업에서 확인되었던 그 하트다. 당연히 그 하트도 매시간 위치와 모습을 바꾼다. 내 마음을 담은 이 집은 모두 완성되었고 그 선물도 전달되었다. 여전히 긍정적인 건축주는 건물에 감탄했다. 이들은 내가 지붕 위에 하트 모양의 뭔가를 설치해 놓은 것이라고 생각했다. 나는 그런 감탄 너머 다른 궁금한 것이 있었다. 그건 내가 몰래 맞춰 놓은 어떤 실험이기도 했다. 그것이 이제 진실로 궁금해졌다.

계절 따라 태양은 각도를 바꾼다. 항상 높이가 다른 빛의 모습을 주변 벽에 남길 것이다. 그 벽이 대리석벽이든 흙벽이든 그저 빛의 존재만 느껴지면 충분히 아름답다는 게 나의 오랜 이야기다. 여름이면 해가 높이 떠서 빛이 〈건원재〉 중정 바닥에 닿는다. 겨울이면 태양 고도가 낮아지면서 벽에만 닿는다. 동그랗게 뚫린 슬래브를 통해 들어오는 빛은 동그라미거나 동그라미의 조합이다. 그러다가 그 동그란 빛이 중정 벽면에 꽉 차게 내접하는 순간이 있을 것이다. 벽이 직사각형이니 타원형 동그라미가 들어찰 것이다. 당연히 그날은 일 년에 두 번 있게 된다. 건축주에게 혹시 그런 날이 되면 전화를 해 달라고 부탁했다. 중요한 건

날짜와 시간이다. 예측한 날짜는 있지만 그날 전화가 올지는 알
수 없었다. 안 온들 무슨 문제랴.

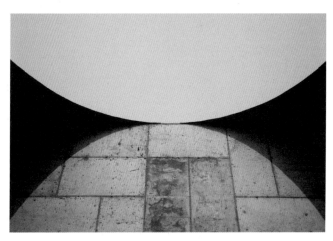

벽과 슬래브가 만나는 모습.
콘크리트 슬래브의 두께가 보이지 않아야 하고 원은 사각형 벽체에 내접해야 한다.
이것이 〈건원재〉가 되기 위해 끝까지 고수해야 할 건축적 장치다.

중정에서 하늘을 올려다 본 모습.

지구

기대라기보다는 궁금함이라고 해야 할 일이었다. 올까. 그런데 왔다. 전화가 왔다. 오늘 오후에 동그랗게 빛이 들어왔다는 전화가 왔다. 짜릿한 순간이었다. 내심 의아하기도 했다. 이게 어떻게 맞았지 하는 생각도 들었다. 진정한 〈건원재〉가 완성되었다. 집과 빛은 건축주를 위한 선물이지만 빛이 맞는 시간은 나를 위한 선물이었다. 그날은 바로 추분이었다.

이야기를 시작하려면 지탄 받는 고등학교 교육의 부수 효과부터 거론해야 할 것이다. 지금은 예외도 있지만 내가 대학에 입학할 시절 건축학과는 모두 공대에 속해 있었다. 그리고 공대는 이과로 구분되니 나는 당연하고도 억울하게 이과생이어야 했다. 다 분류의 폭력 때문이었다. 그때 이과생이 공부해야 할 과목으로 벡터, 행렬, 복소수가 가득한 수학II와 함께 물리, 화학, 생물, 지구과학이 있었다. '물화생지'라고 줄여 부르는 그 과목들이다. 건축을 공부하기 위해서가 아니고 이과의 대학에 진학하려면 공부헤야 하는 과목들.

그런데 이 〈건원재〉 설계에서 지구과학에서 공부한 내용이 도움이 될 줄은 교육 정책 입안자부터 나까지 누구도 내다보지는 못했겠다. 태양과 지구의 각도를 계산해야 했으니. 태양과 지구는 각자 알아서 움직이는 물건들인지라 계산이 쉽지 않았다. 우선 한국천문연구원 홈페이지에서 태양 궤도 자료를 받아야 했다. 구글 지도에서는 이 대지의 정확한 경위도 좌표를 얻을 수 있다. 인터넷 시대가 아니면 불가능한 일이다. 인터넷이 없다면 뉴턴 정도의 수학 지식을 갖고 있든지.

태양 고도, 시간, 벽 높이, 벽 방향이 물려 있었다. 날짜만 내가 정한 상수였다. 춘분과 추분. 춘추분은 낮밤의 길이를 맞추는 날이다. 이날은 하늘에 눈금이 새겨져 있을 것 같은 기분이 든다. 나는 이걸 군대 용어를 동원하여 지구가 영점 조정하는 날이라고 표현한다. 동그란 조준구 너머로 과녁이 딱 맞는 날.

삼각 함수의 변수가 많고 복잡했다. 컴퓨터 엑셀 프로그램으로 수식을 짜서 계속 확인을 해야 했다. 공연히 발설했다가 틀리면 망신이었다. 도면 그리는 학생들에게도, 건축주에게도, 그리고 시공팀 누구에게도 말할 수 없는 은밀한 나의 조준이었다. 태양의 움직임을 건원재라는 중정 천장의 동그란 조준구로 딱 맞추는 것. 계산이 정확하다 하더라도 공사 현장에서 상존하는 시공 오차를 염두에 두어야 했다. 나침반이 가리키는 오차도 있고.

그런데 전화가 왔다, 추분에.

추분

추분에 동그라미가 맞는다는 것은 춘분에도 맞는다는 이야기겠다. 다음 해 춘분에 카메라를 들고 〈건원재〉로 향했다. 하필이면 이날 오전에 갑자기 끼어든 복잡한 일정이 생겨서 시간이 빠듯했다. 이 순간을 놓치면 여섯 달을 기다려야 한다. 간신히 도착해 가는데 건축주는 이미 건물 밖에 나와서 빨리 와야 한다고 멀리서부터 계속 손짓을 하고 있었다.

오후 2시 18분. 약간 오차가 있었다. 시간이 지체되었다는 건 건물이 살짝 옆으로 돌아갔다는 이야기였다. 역산하니 서쪽으로 3도 정도 돌아앉은 듯했다. 크게 중요하지 않았다. 손바닥에 올려놓는 나침반으로 잡은 방향이라고 생각하면 충분히 이해할 만한 오차였다.

춘분의 〈건원재〉.

그렇게 방문했던 날의 또 다른 과제는 벽에 편액을 다는 일이었다. 그런데 이번 당호, 〈건원재〉는 집의 가치에 딱 맞는 글자이기는 한데 한자로 쓰자니 좀 복잡했다. 내가 일필휘지할 수 있는 수준이 넘었다. 생각해 보니 〈문추헌〉 당호를 쓰신 분의 내공 정도가 되어야 할 듯했다. 아직 글씨를 연습하는 수준이라는 겸양을 설득해서 당호 글자를 기어이 받아냈다. 이걸 공짜로 받을 일은 아닌데 그렇다고 봉투로 성의 표시를 하는 건 무례한 일이었다. 그래서 30년산 양주를 한 병 선물했다. 물론 공항 면세점에서 구입한 것이었다.

성수동의 가공 업체에 의뢰해서 당호를 편액으로 체화했다. 그 춘분에 건축주와 나란히 사다리를 딛고 올라서 에폭시를 비벼가며 계단 옆벽에 편액을 붙였다. 이제 집이 진정으로 완성된 것이고 내가 할 일도 다 마무리된 것이다.

이날 건축주는 내게 시계를 하나 선물했다. 그가 차고 있던 시계가 하도 이상하게 생겨서 궁금해했더니 그 자리에서 풀어서 내게 준 것이다. 도대체 이런 구닥다리 시계는 어디서 어떤 경로로 구할 수 있을까. 군용인 것 같기는 한데 아무리 인터넷을 뒤져도 브랜드 이름조차 검색되지 않는 신기한 물건이었다. 그런데 시계 역시 결국 천체의 움직임을 계측하는 기계다. 그래서 건원재의 가치에 꼭 맞는 멋진 선물이었다.

얼마 후 건축주는 은퇴했다. 들은 이야기로는 매일 아래층으로 출근한다. 보일러실이자 창고로 지목된 공간이다. 하지만 좀 여유 있는 면적이다. 여기에 그가 모은 오디오가 즐비하다. 절대로 돈만으로는 살 수 없고 근면과 열정이 더해져야 구할 수 있는 기계들이다. 제 2차 세계대전 시기에나 쓰던 것이 틀림없을 물건들이 소리를 내는 중이다. 스테레오 앰프도 드문 시대의 것들이다. 그걸로 듣는 음악도 시중에서 쉽게 구할 수 있는 음원들이 아니다. 아무리 과문의 탓이라고 쳐도 스피커에서는 생소한 이름의 가수 목소리가 나온다. 건축주의 표현으로는 가슴을 후벼 파는 목소리다.

지구의 입장에서는 춘분과 추분의 차이가 없을 것이다. 그러나 대한민국 하고도 공주에서 추분은 춘분과 다르다. 한국의 가을, 추분은 밤이 익는 계절이고 거기에 공주를 빼놓을 수 없다. 그래서 추분이면 나는 〈건원재〉가 계측하는 지구의 영점 조정을 관측하러 간다. 지구의 회전이 만드는 가을의 조화, 그리고 그 가을이 만드는 공주밤을 마음과 손에 각각 선물 받아 돌아온다.

건축가가
선물한 것은
태양을 계측하는 집.

건축주가 선물한 것은
천체를 계측하는
손목 위의
정교한 기계.

자전거

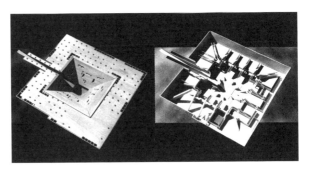

오래전 내가 건축으로 참여하려던 태양의 축제.
조용하지만 화려한 향연. 혹은 자전거 공장.

도대체 나는 언제부터 건축과 태양에 관심을 갖게 되었을까. 유
학생 시절 미국에서 접한 설계 스튜디오 때문일 것이다. 설계해
야 할 건물의 주제가 멕시코시티 인근의 자전거 공장이었다. 그
인근이라는 것이 피라미드로 가득한 테오티우아칸(Teotihuacan)이
라는 유적지 근처였다. 좀 엉뚱한 주제였다.

　해외 여행 자유화라는 것이 시행된 지 얼마 안 된 시기였다.
당연히 나는 동년배들과 마찬가지로 외국 구경은 해 본 적이 없
는 국내 촌뜨기였다. 뉴욕도 신기한 것 투성이인데 멕시코시티
도 신기하기는 마찬가지였다. 게다가 촌뜨기가 본 테오티우아칸
의 피라미드는 압도적이었다. 도대체 어떤 이들이 무슨 생각으

로 저 돌들을 다 쌓았을까. 저건 광기가 아니었을까.

미국이 아닌 멕시코에 자전거 공장이 생기는 이유는 노동 집약적 산업이기 때문이었다. 자전거 제조는 수공업 공정이 많아 임금이 비싼 국가에서는 가격 경쟁력을 확보할 수 없다. 그래서 공장이 멕시코에 가야 했다. 한마디로 멕시코 국민들은 노동을 팔아서 생존해야 한다는 이야기기도 했다.

테오티우아칸 시대와 비교하여 달라지지 않은 구도였다. 저 거대한 피라미드가 압도적 힘을 발휘하는 이유는 그걸 모두 인간의 노동력으로 쌓았기 때문이다. 만든 이들은 지배자의 영광을 위해 땀을 흘리지 않았을 것이다. 쌓지 않으면 죽이겠다는 생존의 위협 때문이었을 터. 생존을 위한 노동이다. 피라미드를 쌓기 위해 노동을 팔아야 했던 테오티우아칸 백성들과 멕시코 국민 사이에는 달라진 게 없다는 생각이 들었다.

테오티우아칸인들이 어떤 이유로 전부 사라졌는지는 아직도 모른다. 가장 유력한 설은 전염병. 테오티우아칸은 사실 후대에 붙인 이름이었다. 나중에 이 땅에 온 아스테카인들이 붙인 이름이니 뜻은 '신들의 도시'.

그 도시는 남북으로 난 길이 강력한 축을 만든다. '죽은 자들의 길'이라 불린다. 그 주위에 여러 피라미드가 배치되어 있다. 그중에 가장 거대한 것이 태양의 피라미드다. 저걸 도대체 누가 왜 저런 방식으로 쌓았을까. 쌓은 이들이 문자 전승 없이 사라졌으니 무수한 학설이 난무했다. 천체와 연관있다는 주장이 가장 많았다. 심지어 오리온자리 복판의 별 세 개와 연결짓기도 했다.

내가 매료되었던 것은 태양의 피라미드 배치였다. 하지에 해가 지는 지점을 향해서 면이 결정되었다는 이야기였다. 내가 직접 확인할 수는 없었다. 그런데 신비롭고 오묘한 이야기였다. 거대한 축제이자 인간의 지적 세계가 태양계와 만나서 펼치는 위대한 향연. 나는 이 매력적인 이야기를 그냥 믿기로 했다.

이 땅의 노동이 저 하늘의 천체 운항과 연결되는 고리. 가장 낮은 것과 높은 것이 맞닿는다. 그 접촉점이 바로 이 피라미드다. 그 순간 이 구조물은 돌무덤이 아닌 그 무엇이다. 의미론적 다면체다. 그건 건축의 가치였다. 내가 알지 못하던 건축의 가치.

나는 이 접촉점의 존재를 설계해야 할 자전거 공장을 통해 부각해서 보여 주기로 했다. 그리고 나의 건축을 통해 그 축제에 참여하기로 했다. 나의 자전거 공장은 태양의 피라미드가 계측하는 태양의 움직임을 새로운 방식으로 표현하는 도구였다.

먼저 공장의 위치를 결정했다. 내게는 태양의 피라미드를 존재하게 하는 그날이 가장 중요한 순간이었다. 하지, 그날을 나는 축제의 날이라고 불렀다. 그 축제의 날이 모든 것을 결정하게 되었다.

하지에 나의 자전거 공장에서 보면 태양의 피라미드의 뾰족한 정상에서 해가 떠오른다. 그렇게 공장 위치를 잡았다. 이 계산은 어렵지 않다. 다음은 낮이다. 테오티우아칸은 위도가 북회귀선 아래에 있어서 머리 꼭대기에 태양이 이르곤 한다. 태양이 항상 남쪽에 있는 우리와 다르다. 테오티우아칸의 자전거 공장에서는 그날 정오 동그란 햇빛이 천창을 통해 공장 전체에 가득해진다. 그리고 같은 날 저녁, 길게 난 진입로 끝으로 해가 저문다. 태양의 피라미드와 같은 방향이다.

그래서 새로운 노동의 공간인 나의 자전거 공장은 피라미드를 뒤집어 놓은 형태가 되었다. 물론 건물이 지하로 가게 되면 뜨거운 기후를 고려하여 훨씬 냉방 효율과 환기 성능이 좋아진다는 건 빼놓을 수 없는 이야기였다.

나는 자전거 공장을 설계하면서 새로운 세계를 체험했다. 그것은 분명 내밀하고 개인적인 체험이었다. 나는 이후로 빛이 건물에 비치는 방식을 자꾸 들여다보게 되었고 태양의 위치를 가늠하곤 했다. 오랜 시간이 지난 뒤다. 나는 하늘이 동그랗게 열린 작은 집을 통해 몰래 축제를 기획했다. 위대하지는 않아도 조촐한 축제. 조용하지만 우아한 축제. 내가 건물을 통해 하늘을 계측하는 축제.

마음

집이 없어도 지구는 돈다. 그러나 어떤 이에게는 집을 통해 이 지구상에서의 존재 의미가 더 커질 수도 있다. 그걸 존재의 가치라고 부를 일이다.

지구는 여전히 무심하게 돌 것이다. 우리는 그 순환에 맞춰 살고 있다. 어떤 여행이든 순례든 그 뒤에 우리는 집으로 돌아가야 한다. 우리의 가장 긴 순례, 지구 위에서 생명체로서의 순례를 마치면 우리는 다른 생명체와 마찬가지로 흙으로 돌아간다. 지구는 돌고 우리는 돌아가야 한다. 그게 생명체에게 지정된 숙명이다.

사람이 집을 짓는 이유는 돌아갈 곳이 필요하기 때문이다. 그 '집'이 담는 것은 밥 먹고 잠자는 일상일 수도 있다. 그러나 '좋은 집'은 그곳으로 돌아가는 사람의 마음을 담는 공간이다. 그 마음은 보이지도 않는데 가끔 이리저리 변하기도 한다. 그래서 그 마음을 담는 집의 가치는 보이는 잣대로 계측되지는 않는다.

집이 그곳으로 돌아가야 할 사람의 마음을 담아야 한다면 그 집에는 우선 짓는 이의 마음이 담겨야 한다. 집을 짓는 것은 많은 사람이 개입하는 과정이다. 서로 생각이 다른 사람들이 두서없이 출몰하는 공간이 공사장이다. 때로 그들은 아무런 마음을 두지 않고 고단한 몸을 간신히 부려 집 짓는 과정에 참여하기도 한다. 그걸 노동이라고 부른다. 아쉽게 우리가 집을 짓는 과정에는 그런 참여자가 더 많다. 마음이 들어 있지 않은 것을 한 단어로 표현하면 앞서 거론한 그 단어가 될 것이다. 무심.

사람이 지구 상에서 사는 동안 가장 많은 자원을 투자해서 얻는 것이 건물이다. 물론 주택은 건물 중에서는 가장 규모가 작은 축에 속한다. 그러나 건물이 작을수록, 예산이 부족할수록 짓는 과정은 치열하고 절박해진다. 그래서 주택은 건물 중에서 가장 까다롭고 어렵다는 데에 대개의 건축가들이 동의한다. 사소한 하자도 눈에 띄고 완벽한 해결이 절실한데 보수는 항상 어렵다. 시공자에게도 힘든 건물이다.

한국이라는 무심한 사회에서 마음을 담는 집을 짓는 건 어렵다. 그런 사회에서, 그럼에도 마음은 보이지 않지만 결국은 물리적으로 표현될 것이다. 집에서는 특히 그 집 자체를 통해 표현될

것이다. 나는 집을 짓는 데 비싸고 좋은 재료를 사용하지는 못해
도 그 마음은 표현되기를 항상 바랐다. 어떤 작업자는 동의했고
어떤 작업자는 여전히 무심했다. 어찌되었든 나는 그 집이 적어
도 내 마음을 담고 있기를 기대했다.

내가 설계한 집들이 구조물로서 완전하지는 않았다. 시공 후
문제들도 생겼다. 생활이 불편해지는 사안들. 내 마음도 불편해
지는 순간들이다. 여기서 그걸 변명할 일은 아니다. 그러나 집의
가치는 그런 기능적 조건을 다 넘어서 결국 마음을 담아내는 데
있다는 생각은 변하지 않는다. 집은 돌아가야 할 곳인데, 그 집
에는 항상 나보다 내 마음이 먼저 도착해 있다. 건축가는 미래에
지어질 집을 설계한다. 언젠가 지어질 그 집이 어떤 집이냐고 묻
는다면 이렇게 대답할 수 있겠다. 집에 살 사람의 마음이 돌아가
고 싶은 집. 그래서 결국 그 마음이 담겨 있을 집.

기록

피아니스트 후배의 불만을 들은 적이 있다. 연주자들이 얼마나 힘들게 연습해서 무대에 오르는데 청중들의 박수는 미지근하다는 이야기였다. 오래전 일이지만 내 대답이 여전히 기억난다. 자신이 설계한 건물의 사용자들로부터 단 한 번의 박수도 받아 보지 못하는 직업도 있다고.

타조알 아닌 달걀을 보여주는 건축가라도 강의를 끝내면 박수를 받기는 한다. 잘했다는 건 아니고 수고했다는 의미의 박수겠다. 내가 대중 강연에서 빼지 않던 이야기가 이렇다. 건축가(Architekton)라는 단어가 인류에게 등장한 것이 2,500년 남짓이다. 지금까지 그 역사를 채운 수많은 건축가가 있었고 앞으로도 배출될 것이다. 그간 축적된 인식과 지식이 있었을 것이다. 그들이 단지 벽돌 쌓고 콘크리트 치는 데 자신의 직업 가치를 두고 만족하지는 않았을 것이다. 자신들이 만드는 건물이 물리적 구조물의 구현을 넘어서 다른 가치를 갖기를 원하는 이들도 분명 있을 것이다.

나는 그런 모습을 이야기하고자 했다. 때로는 건물이 마음을 담고 계절을 담을 수 있다는 이야기. 여기 등장한 세 집의 공통점은 모두 대단히 검박하다는 것이겠다. 그럼에도 분명 그 이상의 가치를 갖는다고 이들을 설계한 건축가는 믿는다.

이 책의 내용은 세 주택의 설계와 시공 과정에 관한 건축가의 일방적인 서술이다. 설계한 사람들의 대표로서 건축가다. 그 과정에 대한 건축가의 기록과 기억이 가장 객관적이라는 근거는 없다. 이 책에 서술한 내용이 다른 이가 기억하는 부분과 다를 수도 있다는 것이다. 사실이라고 해도 때로는 문자로 남기면 곤란한 사연이 본의 아니게 포함되어 있을 수도 있다. 책에서 가장 조심스러운 부분이고, 있다면 미리 사과를 해야 할 일이다. 당연히 책임은 글을 쓴 자의 몫이다.

건축에 대한 사회적 관심도가 높아졌다. 텔레비전에서 집을 다루는 프로그램이 많아졌다. 건축가의 입장에서 보면 흐뭇한 사회 변화다. 그런데 모두는 아니지만 대개의 그런 프로그램들을 채우는 과장과 연출이 내게는 많이 불편하다. 적지 않은 경우 집을 피사체로 바꿔 버린다는 느낌 때문이다. 또 적지 않은 경우 그 피사체는 가식과 위선의 물체로 화면에 부각되곤 한다. 대중의 요구와 대중 매체의 속성이 그런 거라 이해한다. 저 '대중' 때문에.

집은 감탄의 아우성보다는 내밀한 시어로 채워져야 하는 공간이다. 집에 돌아와서 만나야 하는 건 나의 마음이지 그들의 탄성은 아닐 것이다. 몇 번 겪어 본 뒤로 나는 그런 프로그램의 호출에 응하지 않는다. 세 집의 건축주들도 입장이 거의 비슷했다. 그럼에도 건축주들은 건물이 지어진 과정의 기록을 책으로 내는 데는 모두 흔쾌히 동의했다. 그 집들이 방청보다는 묵독의 대상이라는 데 대한 동의일 것이다. 그래서 이 책의 중요한 가치는 기록이겠다. 혹은 기억이거나. 어쩌면 추억이겠고.

그런 점에서 참으로 감사한 일이다. 그 집들과 이 책은 건축의 길이 내게 행복한 선택이었다는 증명일 것이다. 집과 책을 통해 이처럼 계절을 이야기할 수 있으니 축복이기도 하고. 짓는 자와 사는 자가 공유하는. 그리고 이제 독자도 공유하는.

출판 도면 및 일러스트 작성 : 박상호

문추헌

대지 위치 : 충청북도 충주시 엄정면 추평리
대지 면적 : 420m²
건축 면적 : 55.5m²
연면적 : 55.3m²
설계 : 백윤경, 정지명
시공 : 정원종합건설

담류헌

대지 위치 : 경기도 파주시 산남동
대지 면적 : 267m²
건축 면적 : 103.0m²
연면적 : 180.6m²
설계 : 김광식, 고석홍, 양형원, 김선아, 성진협,
　　　최충호, 김수나
시공 : ㈜지토종합건설

건원재

대지 위치 : 충청남도 공주시 의당면 요룡리
대지 면적 : 1,345m²
건축 면적 : 128.5m²
연면적 : 152.8m²
설계 : 홍성오, 이혜원, 김신혜, 박여진, 김정원
시공 : 서진주택건설

이 연구는 서울대학교 신임교수 연구정착금으로 지원되는 연구비에 의하여 수행되었음.